HUNDEERZIEHUNG

Das Hunde Ratgeber Buch für eine erfolgreiche Welpen Erziehung und Ausbildung in einfachen Schritten

Die Anschaffung eines Welpen benötigt eine gewisse Vorlaufzeit. Einfach nach Lust und Laune einen Hund zu kaufen, wäre sehr verantwortungslos. Gerade durch die Medien und die Filmindustrie ist es oftmals schon passiert. Das Paradebeispiel ist der Film „1001 Dalmatiner". Die Rasse hatte Hochkonjunktur und daraufhin die Tierheime im Laufe der Zeit auch. Viele angehende Hundebesitzer beschäftigen sich mittlerweile sehr eingehend mit der Anschaffung eines Hundes. So treten weniger Fehler auf. Der Hund muss zum Alltag und Leben passen und sollte, wenn möglich, kinderlieb sein.

In diesem Buch geht es um das Verstehen von Welpen, ihre Eigenschaften und Urinstinkte. Sie machen niemals etwas mit Absicht und wenn, ist es einfach so passiert. Sie stellen unser Leben auf den Kopf, verändern es und verändern auch uns. Sie nehmen Platz und Raum ein, Häuser wie auch Wohnungen sollten daher sehr hundekompatibel und wir selbst nicht sehr penibel sein. Hundehaare und Schmutz sind nun unsere ständigen Begleiter. Doch wer kann so einem bezaubernden Wesen schon lange böse sein, wenn es sich danebenbenimmt und uns hin und wieder mal blamiert?

Inhaltsverzeichnis

Einleitung

Der Ausnahmezustand beginnt, sobald der kleine Fellzwerg dein Zuhause in Beschlag nimmt. Etwa zehn bis zwölf Wochen hat der Welpe mit seiner Mutter und seinen Geschwistern verbracht. So bedeutet der Umzug auch für ihn eine sehr große Veränderung. Je besser du darauf vorbereitet bist, desto leichter wird die Umstellung für beide Seiten.

Hundebücher sind sinnvoll, wenn sie vor der Anschaffung erworben und auch gelesen werden. So stehen Ruhe, Zeit, Gelassenheit und eine gute Vorbereitung im Raum. Der Kleine funktioniert nun mal nicht auf Knopfdruck. Daher ist es ratsam, vorher Bescheid zu wissen und nicht immer nur zu reagieren. Ganz nach dem Motto „Was stand auf Seite zwölf nochmal?". Dein kleiner Welpe arbeitet nicht nach Plan und Ziel, sondern rein nach Instinkt. Dein Fachwissen muss ihn leiten und das liebevoll und konsequent. Du bist sein Dreh- und Angelpunkt und der Nabel der Welt. Zumindest solltest du genau darauf hinarbeiten, um einen sicheren und treuen Begleiter an deiner Seite zu haben. Man muss schon mit allen Wassern gewaschen sein, um dem raffinierten Hundeblick zu widerstehen.

Auch Hunde arbeiten mit allen Tricks, damit sie die erste Geige spielen. Mit Geduld und dem richtigen Händchen wird er langsam aber sicher ein Vorzeigehund. Bitte niemals die Flinte ins Korn werfen, es ist für beide Seiten Neuland. Die Welpen benötigen nicht nur eine adäquate Grundausstattung, sondern auch einen Grundgehorsam, so kann man mit ihnen sicher und unbeschwert durchs Leben gehen.

Bedenke auch, er kennt deine Welt und deinen Ablauf nicht. Bevor der Einzug stattfindet, ist einiges zu tun, um ihn „willkommen" zu heißen. Das sollte nicht vor versammelter Mannschaft geschehen. Wichtig sind nur seine nahestehenden Bezugspersonen, mehr nicht. Das reicht für den Anfang völlig aus. Nach dem dramatischen Erlebnis, sein bekanntes Umfeld, die Geschwister wie auch Mama zu verlieren, braucht es Ruhe und keinen Trubel. Und so geht der Welpe erstmal auf Erkundungstour. Witzig ist dabei zu sehen, wie mindestens ein Familienmitglied so rein zufällig hinterherläuft. „Hebt er das Beinchen?", tut er sich weh oder frisst er was? Doch eigentlich inspiziert er nur sein Revier.

Der kleine Welpe ist in seinem neuen Zuhause angekommen und benötigt nach all der Aufregung erst einmal eine Mütze voll Schlaf. Morgen ist auch noch ein Tag, um die Welpen-Erziehung liebevoll zu beginnen. In Gedanken ist er bestimmt noch daheim und schläft sogleich ruhig und friedlich ein. Schlaf gut, neues „Rudelmitglied", wir begleiten dich dein ganzes Hundeleben lang.

Es steht dir genügend Zeit zur Verfügung, um Vorbereitungen zu treffen. Einige Züchter bieten zwar ein Starter-Set an, aber trotzdem braucht der Welpe eine adäquate und solide Grundausstattung. Außerdem darf die Anmeldung der Hundesteuer wie auch der Hundehaftpflichtversicherung nicht vergessen werden. Du stehst bei jedem von deinem Hund verrichteten Schaden in der Gefährdungshaftung.

Suche daher eine Versicherung mit genügend Deckung aus, das rechnet sich schneller, als man denkt. Heute ist die Anschaffung von Hundezubehör einfacher denn je. Ein Tastenklick und schon eröffnet sich einem die Welt der Haustiere. Eine tierisch gute Vielfalt bietet sich dir sogleich an und dennoch, es muss nicht gleich ein Kaufrausch sein. Dein Welpe wird wachsen und gedeihen und so sind Halsband und Geschirr nur ein vorübergehender Wegbegleiter. Der Hundekorb und das Hundebett wachsen auch nicht mit und müssen mit der Zeit ausgetauscht werden. Desgleichen wird die Welpennahrung vom Junghundefutter zeitnah ersetzt. Entscheide dich somit für folgende Punkte, dann bist du schon mal sehr gut beraten.

- Wassernapf (höhenverstellbar)
- Hundenapf (höhenverstellbar)
- Halsband oder Geschirr (Geschirr ist besser für den Bewegungsapparat)
- Hundekissen oder Hundebett
- Bürste
- Spielsachen
- Transportbox
- Zeckenschutzmittel und Zeckenzange
- Welpen-Shampoo
- Kotbeutel
- Hundepfeife

- Welpenfutter (Züchter geben meist einen Vorrat mit)
- Kauknochen
- Leckerli
- Leckerli-Beutel
- guter Tierarzt/Tierklinik
- je nach Rasse eventuell einen Hundefrisör

Sicher fällt dir noch das eine oder andere ein, wie zum Beispiel ein Handtuch für den Eingangsbereich. Lerne ihm gleich zu Beginn, bis hier hin und nicht weiter. So kannst du deinen Welpen von Anfang an darauf trainieren, mit sauberen Pfoten durch sein Zuhause zu gehen.

Wie lange hat man auf diesen Tag gewartet und nun ist er da. Fast so wie bei werdenden Eltern, nur in tierischer Form. Wird sich das Wollknäuel auch wohlfühlen, mache ich alles richtig und werde ich aufgeregt sein? Genau das wäre dann gleich schon mal falsch. Für den Welpen ist alles neu und da reicht seine Neugier und Aufregung schon. Also keine Panik und Hektik versprühen, sondern cool und gelassen bleiben. Immerhin soll es stressfrei werden und nicht in Angstzuständen enden.

Viele Welpen erstarren erstmal vor Angst und zittern. Also nicht gleich hin stürmen und sagen „Alles ist gut". Für ihn ist gerade gar nichts gut und man würde es so nur bestätigen. Mama ist weg, die Nestwärme, die Geschwister und das geliebte Daheim. So ganz verstehen kann der Welpe das alles nicht. In freier Wildbahn würde er aber auch mal in die Ferne ziehen. Somit ist es der Lauf der Natur, wenn auch ein einschneidendes Erlebnis. Als Adoptiveltern braucht es jetzt gute Nerven und Zeit. Man kann noch so viel planen, unverhofft kommt oft.

Das Hundekörbchen schaut er mit dem Hintern nicht an, an der Wasserschüssel latscht er vorbei, aber die alten Schuhe, die erinnern ihn an etwas und genau auf denen schläft er erstmal erschöpft ein. Tja, Herrchen und Frauchen haben wohl als Empfangskomitee versagt. Nein, dem ist nicht so. Der Welpe hat für sich seinen Rückzugsort erkoren und sonst nichts. Man darf so etwas auf keinen Fall persönlich nehmen.

Vorbereitung:

Gehe durch die Wohnung oder das Haus und sehe alles aus der Hundeperspektive. Ja, krabble ruhig mal durch die Wohnräume durch. Alles was in seiner Reichweite gefährlich sein könnte, kommt erst mal weg. Verschluckbare Teile können der Anfang vom Ende sein. Elektrokabel nach oben verlegen, da beißt der kleine Kerl schnell mal rein und auch giftige Pflanzen sollten entfernt werden.

Einzugstag:

Er ist angekommen, wohl, munter und gesund. Er findet es doof, will heim und weiß jetzt schon, „Mama hol mich hier raus". Alles ist neu, fremd und macht Angst. Also lass ihn in die neue Welt eintauchen, es wird schon „schiefgehen". Reagiere nicht gleich auf jede Kleinigkeit, lass ihn einfach mal machen. Was nicht heißt, dass er gleich auf den Teppich machen soll. Könnte aber passieren, da alles ja so spannend und aufregend ist.

Es wird Raum für Raum inspiziert und vielleicht auch gleich mal geschlafen. Dennoch zeige ihm auch jetzt schon lieb und nett seine Grenzen auf. Was er nicht darf, darf er nicht. Übrigens, Treppen können für Hunde lebensgefährlich sein. Außerdem sind sie schädlich für die Bänder wie auch Gelenke. Demnach solltest du es vermeiden, dass der Welpe die ersten Monate Treppen laufen muss. Installiere am besten Gitter, dann kann auch schon nicht mehr viel passieren.

Angekommen:

So nach und nach und mit den Tagen ist der kleine Welpe angekommen und taut auch schon so richtig auf. Ein Wirbelwind auf vier Pfoten, der nun im Rudel seinen festen Platz hat und eine gute Erziehung benötigt. Ein kleiner, ungeschliffener Rohdiamant, dafür aber mit einer großen Portion Charme. Nun musst du ihm deine Sicherheit und Souveränität vermitteln, damit ihr zu einem Team zusammenwachsen könnt. Bedenke, anfangs ist er noch ein Baby und benötigt gute 17 bis 22 Stunden Schlaf pro Tag. Also mach dir keine Sorgen, wenn das Hundekind seine Welpenzeit verschläft. Es ist völlig normal, denn der Welpe will ja mal groß und stark werden.

Kuscheln zur Krisenbewältigung:

Am Anfang braucht er Liebe und Geborgenheit und das mehr denn je. Gib ihm Streicheleinheiten, Kuschelmomente und baue ihn seelisch auf. Eine wichtige Erfahrung für die fundamentale Entwicklung und ihren weiteren Verlauf. Die wichtigsten Bausteine sind dabei deine Geduld und Konsequenz, dann ist er in guten Händen und fühlt sich pudelwohl.

Was Hänschen nicht lernt … und genau darin liegt das Problem. Aus Hänschen wird Hans und der lernt nimmer mehr. Sicher übertrieben, dennoch brauchen Hunde eine liebevolle und konsequente Erziehung. Von Welpenbeinen an wird rein spielerisch das Hundeeinmaleins trainiert. Vergiss nicht, in der Pubertät versuchen die Vierbeiner die Rangordnung gewaltig infrage zu stellen. Einige mutieren geradezu zum Alphatier. So nach dem Motto „Ich Chef, du nix".

Die Ohren auf Durchzug gestellt und die Nerven sowie die Leine angespannt. Begreiflicherweise sind die Grundlagen das beste Fundament, damit aus „Hänschen" ein Musterschüler wird. Fange demnach gleich mit der Stubenreinheit und Beißhemmung an. Diese sind leider nicht angeboren und hinterlassen unschöne Spuren bei Menschen sowie seinem Hab und Gut. Nutze seinen Folgetrieb und bringe ihm bei, du bist das Größte in seiner kleinen Hundewelt. Ohne dich geht nichts und ohne dich geht er auch nicht.

Schaffe dem kleinen Vierbeiner unsichtbare Grenzen und einen abrufbaren Bewegungsraum. All das findest du schrittweise erklärt in diesem Buch. Das mit Menschenkenntnis und Hundeverstand nach dem besten Wissen und Gewissen dem Welpen zuliebe ins Leben gerufen wurde.

Eine Mensch-Hund-Beziehung besteht nicht nur aus Füttern und Erziehen. Es besteht aus Respekt, Vertrauen und einer ganz großen Portion Liebe. Ein stures und starres Erziehen ohne Gefühl ist wie eine Gewichtsreduktion mit Jo-Jo-Effekt. Der Bumerang kommt schneller zurück, als man denkt. Demzufolge müssen Hund und Herrchen gemeinsam an einem Strang ziehen. Eine harmonische Verbindung mit positivem Lerneffekt. Schon lernt der Welpe, ich werde für mein Vorzeigeverhalten gelobt.

Anfangs greifen einige zu den beliebten Leckerlis. Doch auch eine Liebkosung und Streicheln sind eine Belohnung für sich. Etliche

Hundebesitzer verzichten mittlerweile ganz auf die Leckerli-Ration. Für manche Übungszwecke, wie bei Sitz oder Platz, sind sie dennoch ideal. Aber vergesst nicht, der Hund bekommt sein Fressen aus seinem Napf. Daher sind Belohnungen kleine Häppchen und sollen keine Mahlzeiten darstellen.

Der goldene Mittelweg ist das Ziel. Der große Vorteil bei Welpen ist, dass du sie noch für alles begeistern kannst. Sie sind neugierig, wissbegierig und schlau. Mache dir diese Eigenschaften zu deinem Vorteil. Bestärke positives Betragen und arbeite an schlechten Verhaltensweisen. Ein Hund ist immer der Spiegel deiner Seele. Bist du nachlässig und inkonsequent, warum sollte dein Vierbeiner dann anders sein? Ihr seid ein Team und mit der Zeit die perfekten Seelenverwandten.

Heute spricht man mehr und mehr von Grundlagen als von Kommandos. Instruktionen sind heute keine Befehle mehr, sondern Hinweise. Diese führen, leiten und lenken den kleinen Welpen. Klare Strukturen sind demzufolge unerlässlich und rohe Gewalt schon lange ein Tabu. Hunde sollten niemals aus Angst lernen, sondern aus der Liebe und dem Vertrauen zum Menschen heraus. Ein zartes Band, das teilweise jede menschliche Beziehung infrage stellt. Denn *der Hund, er blieb im Sturm mir treu, der Mensch nicht mal im Winde. (Franz von Assisi)*

Welpen fallen auf jeder Hundewiese und im Straßenbild auf. Klein, tollpatschig und dann dieser Hundeblick. So als könnten sie kein Wässerchen trüben. Sie finden alles und jeden genial und ihre Welt ist kunterbunt und rosarot. Der stolze Besitzer gibt Interviews und der Kleine ist ganz er selbst. Er rast jedem Jogger hinterher, kämpft mit Plastiktüten und legt den Fahrradweg lahm. Dem kleinen Wonneproppen wird schnell verziehen, der großen Dogge schon lange nicht mehr.

Er springt und hüpft und die Pfoten-Abdrücke, ein bleibender Gruß mit Verewigungsgarantie. Die Besitzer meist kopflos, hektisch und im Dauerlauf a posteriori. Das Standartwort „Entschuldigung" thront und gerne würde man im Boden versinken. Mit hochrotem Kopf und wehendem Haar setzt dieser seinen Dauerlauf fort. Hier und kommst du jetzt, sind dem Hundchen noch fremd. Wenn der Hund auch hundertmal „Henry" heißt, er weiß das noch lange nicht. Aber er weiß ganz genau, was er will. Spaß haben, spielen und die Welt so ganz für sich entdecken. Das „Personal" rast ja schön brav an meiner Seite. Verlorengehen kann der kleine Racker schon mal nicht.

Manch Hundebesitzer weiß gar nicht, welch Tempo er hat, wie wendig er sein kann und dass sein Reaktionsvermögen durchaus ausbaufähig ist. Mittlerweile läuft der Akt der Verzweiflung vor einem sehr begeisterten Publikum ab. Gut, die Schadenfreude trifft es eher und schlaue Tipps kommen gleich hinterher. So steht der Hundebesitzer wie ein begossener Pudel da. Der kleine Kerl aber hat die Herzen im Sturm erobert. Allein das ist schon einen Applaus wert.

Nur damit ist jetzt Schluss und so lernt der Wonneproppen den Spagat zwischen Freiheit und einem guten Quäntchen an Gehorsam und Disziplin. So wird seine Autonomie nicht reduziert, denn ein gut erzogener Hund hat alle Freiheiten der Welt, sagt man ja. Welpen sind immer ein Anziehungspunkt und der Freund aller Kinder, dennoch ist er ein Lebewesen und niemals als Spielzeug anzusehen. Vergesst auch bei all seinem Tatendrang nicht, dass das Hundekind auch viel Ruhe, Schlaf und eine ganze Menge Geborgenheit braucht. Nur so kann es sich konzentriert an sein Werk begeben. Viele kleine Pausen bei der Erziehung sind ein Muss. Eine Überforderung wird eher als eine Bestrafung angesehen. Wir selbst kennen es nur zu gut vom Schulbankdrücken.

Dein Hund durchläuft etliche Lebensphasen und Zyklen. Dies beschreibt seine Entwicklung, Stadien und den Stand der Enzyklopädie. Damit ist die systematische Zusammenfassung gemeint.

Die erste und zweite Lebenswoche – Vegetative Phase

Der Gehör- und Geruchssinn sind noch nicht ausgeprägt. Ebenso sind die Augen geschlossen.

Die dritte Lebenswoche – Überganspphase

Auch wenn die Lidspalten leicht geöffnet sind, sehen kann der Welpe noch nicht. Mit dem 17. wie auch 18. Lebenstag entwickelt sich die Sehfähigkeit nach und nach. Auch das Gehör ist noch nicht voll funktionsfähig in seiner Aufgabe. Seine Hauptbeschäftigungen sind Schlafen und Trinken. Langsam nimmt er jedoch seine Wurfgeschwister wahr.

Die vierte bis siebte Lebenswoche – Prägungsphase

Nun sind die Augen wie auch Ohren und Nase voll einsatzbereit. Dabei sollte er beim Züchter mit den unterschiedlichsten Eindrücken konfrontiert werden. Der Dornröschenschlaf ist vorbei. Er knüpft Sozialkontakte und lernt Menschen wie auch fremde Tiere kennen. Nun werden sein Temperament sowie seine Persönlichkeit geprägt. Werden ihm all diese Eindrücke verwehrt, kann es mit hoher Wahrscheinlichkeit zu Sozialisierungsproblemen kommen.

Die achte bis zwölfte Lebenswoche

Jetzt entdeckt er die Rangordnung wie auch Umwelt für sich. Er lernt somit für sein Leben. In dieser Phase findet bald die Übergabe zu seinen neuen Besitzern statt.

Die dreizehnte bis sechzehnte Lebenswoche – Rangordnungsphase

Die neuen Besitzer stellen nun sein Rudel dar und der Mensch wird zum Rudelführer. Dabei werden die Führungsqualitäten auf Herz und Nieren geprüft.

Der fünfte bis sechste Monat

Die kleinen spitzen Milchzähne werden durch ein richtiges Gebiss ersetzt. Auch wird dem Hund nun klargemacht, dass seine Position die unterste im Familienrudel ist. Sein Vorteil ist, ihm wird alles aus der Pfote genommen und er muss sich um nichts kümmern. Zudem sucht er sich den souveränen Menschen im Rudel als seinen „Leitwolf“ aus.

Der siebte bis zwölfte Monat – Pubertätsphase

Nun schlägt die Pubertät auf die Besitzer ein. Bei dem einen mehr, beim anderen weniger. Rüden erfinden sich neu, hören gut, aber folgen schlecht. Hündinnen leben auf Wolke sieben der Gefühlswelt. Erziehung? Nie davon gehört und beim Ableinen sind Herrchen und Frauchen in weiter Ferne. Die Hündin wird zu diesem Zeitpunkt das erste Mal läufig und der Rüde hebt sein Beinchen. Die Ohren sind in dieser Zeit übrigens auf Durchzug gestellt.

Zwölfter bis achtzehnter Monat – Reifungsphase

Körperlich wie auch geistig ist der Hund nun ausgereift. Aber auch hier gibt es Rassen, und dazu zählen viele große Rassevertreter, die erst mit vier Jahren ausgereift sind. Das negative wie auch positive Erlebte ist verinnerlicht. Nur mit Geduld lassen sich negative Verhaltensparameter nun noch einmal verändern.

Kaum hat sich der kleine Welpe eingelebt, und man würde meinen, er folgt einigermaßen gut, macht einem die Pubertät einen Strich durch die Rechnung. Die kann sich bereits im Alter von sechs Monaten bemerkbar machen. Aber es gibt auch Rassen, die erst mit einem Jahr in die Pubertät kommen, und dann entsteht ein Chaos im Gehirn. Beide Geschlechter sind nur noch auf eines fixiert und das ist „Fortpflanzung“. Vorbei sind die Zeiten von Sitz, Platz und Fuß und der ach so schönen Harmonie. Nun werden die Besitzer auf eine harte Probe gestellt. Das Hundehirn ist eine Baustelle und Herrchen oder Frauchen am Rande des Nervenzusammenbruchs. Einige Ausnahmen hat der liebe Gott außen vor gelassen. Bei allen anderen ist nun guter Rat teuer. Die Kastration ist kein Muss, manchmal aber das Mittel der Wahl.

So heißt es abwägen und ein Gespräch mit dem Tierarzt führen. Hündinnen sind zweimal im Jahr läufig und die Rüden, ja, die können immer. Hier helfen dann nur noch Geduld und Konsequenz und das ein ganzes Hundeleben lang, falls man nicht den Weg der Kastration einschlagen möchte. Auch im Alter heißt es noch, je oller, je doller. Dennoch entstehen mit der Zeit gerade bei Rüden wahre Marotten. Sie weisen bei anderen Rüden ein sehr dominantes und aggressives Verhalten auf und sind in solchen Situationen nur schwer zu bändigen und das 365 Tage im Jahr. Rüden drehen oft bei anderen gleichgeschlechtlichen Hunden so richtig auf. Hündinnen schweben während der Läufigkeit auf Wolke sieben und können durchaus zu wahren Zicken mutieren. So kann ein noch so braver Hund zum A.... vor dem Herrn mutieren. Damit sollte man umgehen können.

Demzufolge versuchen sie auch die Rangordnung infrage zu stellen. Die Pubertät ist ein einschneidendes Erlebnis, aber das Verhalten kann dennoch bleiben. Frage den Züchter und spreche mit Hundebesitzern über ihre Erfahrungswerte. Vielleicht kannst du dann auch für „euch“ den richtigen Weg einschlagen.

Die Frage, was ein Welpe können muss, beantwortet sich in den ersten Tagen gleich mal von selbst.

Stubenrein:
Kaum war der Welpe an dem Wassernapf oder findet etwas aufregend, wird schon gleich mal „Pipi“ gemacht. Bevor du reagieren kannst, ist das Malheur auch schon passiert und das sogar recht ungeniert. Einer Schuld ist sich der Welpe nicht bewusst. Nun tief durchatmen und ohne große Worte entfernen. Falsch dabei ist, den Hund mit der Nase in die Hinterlassenschaften zu tunken. Er weiß ja gar nicht, wie ihm geschieht, und einen Lerneffekt stellt es auch nicht dar. Hast du eine Auslegeware im Haus, ist diese für die erste Zeit schnell zusammengerollt und gut verstaut. Ist der Welpe stubenrein, kannst du deinen alten Wohnstil wieder „artgerecht“ herstellen. Also alles nur eine Frage der Zeit.

Jeder Welpe wird stubenrein, bitte verzweifle nicht, denn nun bist du gefragt und es ist mehr oder weniger auch deine Schuld. Die kleine Blase kann höchstens, und das je nach Rasse, 3 Stunden aushalten. Das Training und das Wachstum lassen den Zeitabstand dann auch größer werden. Ein Hund nimmt nicht gerne eine Revierverschmutzung vor. Aber wenn es drückt, entstehen kleine Bächlein und der Zorn der Besitzer ist gewiss. Bringe ihm von Anfang an bei, sich auf dem Gras zu lösen, und lobe ihn dafür. Welpen werden schnell unruhig, ein Zeichen, jetzt nix wie raus. Dein Kleiderstil ist dabei völlig unerheblich.

Die Nacht stellt gerade in der ersten Woche eine harte Bewährungsprobe dar. Hier zählt jede Sekunde und nicht jeder Welpe zeigt ein Verhalten diesbezüglich an. Einige melden brav, andere wiederum nicht. Die suchen sich dann das „Stille Örtchen“ im Haus. Schlafe anfangs näher am Eingangsbereich, damit du sofort reagieren kannst. Bei Ehepaaren sind die Ehemänner meist taub, wie in der Kindererziehung auch. Somit Beine in die Hand nehmen, raus und loben. Versuche ihn gleich außerhalb vom

Grundstück zu trainieren. Gehe immer an den gleichen Punkt für sein Gassigeschäft. Später kann der Welpe das ja dann selbst entscheiden. So lernt er, Grünstreifen ist Klo und loben. Dabei gelten folgende Faustregeln:

- Ist der Welpe wach, gleich mal raus.
- Hat der Welpe getrunken, auch gleich an seinen angestammten Ort.
- Spielt der Welpe oder ist aufgeregt, muss man doch erst einmal die Blase entleeren. Auch hier wieder, raus und ein Gässchen machen.
- Nach dem Fressen etwas ruhen und dann zum Toilettengang aufbrechen.
- Urlaub nehmen, damit die Stubenreinheit die ersten Wochen gut trainiert werden kann.

Behalte ihn somit immer im Auge, was nicht heißt, dass du ihn wie einen Dieb verfolgen sollst. Du wirst sein Verhalten aber schnell deuten können oder er kommt schon brav von sich aus. Denke bitte daran, er macht nichts, um dich zu ärgern, er macht es aus der Not heraus. Viele Welpenbesitzer wurden da schon mit dem Nötigsten gesichtet. Barfuß, im Schlafanzug, mit Hausschuhen oder nicht immer der Jahreszeit entsprechend gekleidet. Lasse dein Umfeld außen vor und konzentriere dich nur auf deinen Welpen. Den Nachbarn zauberst du allemal ein Lächeln ins Gesicht. Gerade wenn es draußen stürmt und schneit und die den bequemen Logenplatz am Fensterbrett vorziehen. Aber du machst es für ihn und auch deinen Seelenfrieden.

Nur so lernt er schnell, Herrchen und Frauchen stehen parat und mein Gassigeschäft ist eine wahre Show. Loben, loben und nochmals loben. Das musst du natürlich nicht sein Hundeleben lang beibehalten. Ist es wirklich mal wieder passiert, „Om“, wegwischen und gut ist es. Das Thema ist dann eh schon durch. Ein Pfui auf frischer Tat ist ein Gruß der Beschimpfung. So weiß er, upps, da ging was gründlich in die Hose. Gehe immer so lange Gassi, bis er sich löst. Aber nicht, dass deine Spaziergänge gleich zu Gewaltmärschen werden. Eine gute ¼ Stunde reicht aus. Ansonsten lass ihn schnüffeln und begutachten, meist funktioniert es dann auch wie von selbst. Sieht er andere Hunde, ist es schnell wieder vorbei, denn das ist ja dann wieder aufregend und spannend dazu. Somit einen ruhigen und gleichen Ort wählen und immer konsequent bleiben. Er soll ja nicht Gassi gehen und sich drinnen lösen. Das wäre dann schon sehr unproduktiv.

Achte auf folgende Punkte:

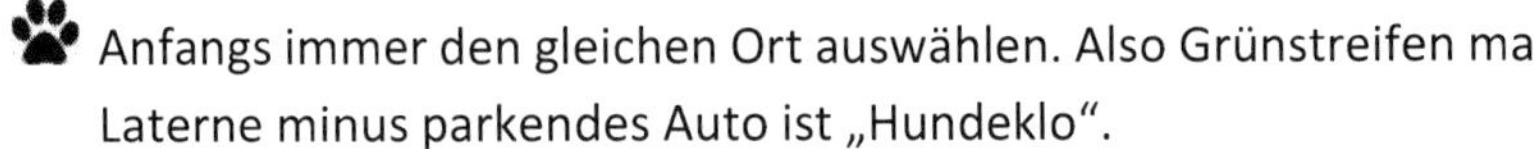

- Anfangs immer den gleichen Ort auswählen. Also Grünstreifen mal Laterne minus parkendes Auto ist „Hundeklo“.
- Achte darauf, dass er möglichst nicht abgelenkt werden kann. Daher keine anderen Hunde, Stöckchen oder vorbeigehende Passanten. Dann ist der Druck weg und das Vergessen thront. Im Haus fällt es ihm dann leider wieder ein.
- Lass ruhig Langeweile an seinem Gassiort aufkommen, dann fällt ihm gleich der wahre Grund der Begebenheit ein.
- Verwende ein bestimmtes Wort/Wörter wie „Mach Pipi“ oder „Mach was“. Was andere dabei denken, ist völlig egal. Macht er was, überschwänglich loben. Gut, die vorbeigehenden Menschen denken vermutlich, dass du einen Knall hast, doch für Hund und Besitzer ist es eben das Größte.
- Ist er noch nicht stubenrein, kaufe eine Hundebox, diese wird er kaum beschmutzen und sich schön brav melden. Dann heißt es, auf los geht’s los und rennen, was das Zeug hält. Denke einfach, du nimmst an einem Wettkampf teil und möchtest siegen.
- Lobe auch immer erst, nachdem er sich gelöst hat, davor macht es wenig Sinn.

Bestrafe nicht mit körperlicher Gewalt. Ein deutliches Pfui reicht aus. Es gibt Hunde, die auch beim Alleinsein, Freude oder aus der Aufregung heraus ein paar Tröpfchen Urin verlieren. Bedenke, meist ist es die Schuld der Besitzer, wenn ein Malheur passiert. Also hau dir ruhig selbst eine rein. Aber Spaß beiseite, ein Welpe geht nur nach seinem Instinkt und wenn er muss, dann muss er auch. Dies geschieht nicht aus einem Racheakt heraus.

Tipps und Tricks:

- Ist das Malheur passiert, entferne es mit einem Reiniger.
- Hunde gehen der Nase nach und orientieren sich nach dem Geruch. Haben sie einmal einen Platz im Haus erkoren, dann verhindere einen Wiederholungseffekt.
- Verwende Geruchsneutralisierer, so kann er sich nicht mehr an den Platz im Haus erinnern.
- Normale Putzmittel eliminieren keine Gerüche.
- Schau ihn nicht vorwurfsvoll an. Ein fünf Monate altes Baby macht auch in die Windeln. Da hält auch niemand eine Strafpredigt.
- Erwischt du ihn In flagranti, dann gleich raus mit ihm. Draußen lösen lassen und alles ist gut.
- Quatsch ihm keine Opern vor. Du verstehst eine Fremdsprache auch nicht von heute auf morgen. Zudem können Hunde nur Wörter „verstehen", keine ganzen Sätze.

Das Thema Stubenreinheit ist schnell vom Tisch und du wirst binnen kurzer Zeit die Nächte wieder wohlbehalten in deinem Bett schlummern.

Warum meldet er sich nicht?

Hier ist nicht die Rede von Verflossenen, sondern von deinem Hund. Erfahrungsgemäß melden Hunde sich irgendwann, wenn auch nicht immer sofort. Das kann ein Blick sein, seine Körpersprache oder ein Winseln. Oder aber er geht verdächtig oft zur Tür. Manche wedeln auch einfach nur mit dem Schwanz. Achte auf seine Stimmungslage oder die Hektik, die er dabei verbreitet. Bei Dünnpfiff heißt es, nur noch raus. Dann zählt wirklich jede Sekunde. Hunde sind wie schon erwähnt keine Revierbeschmutzer, dennoch kann mal etwas danebengehen. Da heißt es auch verzeihen können. Er hat es nicht mit Absicht gemacht, halte dir das immer vor Augen. Verwechsle das nicht mit kleinen Kindern, die durchaus mal über die Stränge schlagen. Dein Welpe ist instinktgesteuert und immer geradeheraus.

Dann nochmal in der Kurzfassung. Ist dein Hund unruhig, winselt oder steht vor der Tür, dann kommt es auf deine Schnelligkeit an. Bedenke bitte, dass ein unkontrolliertes Urinabsetzen auch etwas mit Angst oder gar einer Blaseninfektion zu tun haben kann. Ein Gewitter mit Blitz und Donner, da kann schnell mal der Blasenschließmuskel versagen. Jammert der Welpe beim Urinabsetzen, dann bitte nichts wie ab zum Tierarzt.

Der erste Tierarztbesuch

Hier sind wir sogleich beim Thema. Sie müssen nicht Freunde fürs Leben werden, aber er wird ihr Leben dennoch begleiten. So sollte die Chemie stimmen. Ein Kennenlernen ohne Behandlung ist schon mal ein guter Weg dahin. Dabei kann der kleine Welpe eine Bestandsaufnahme vornehmen und das Team auf Herz und Nieren prüfen. Immerhin sollten sie seiner würdig sein, denn sie stellen seine Gesundheitsfürsorge dar und werden oft zum Retter in der Not.

Lasse ihn in der Praxis frei laufen und jedes der Zimmer in Augenschein nehmen. Hat er Vertrauen geschöpft, kann der Tierarzt oder die Tierärztin ihn so rein zufällig abhören und seinen Gesundheitszustand prüfen. Eine Impfung oder dergleichen werden an diesem Tag nicht vollzogen. Der erste Besuch soll ja in guter Erinnerung bleiben und nicht gleich Aua machen. Zu guter Letzt ein feuchter Händedruck und ein paar Leckerli ins Mäulchen. Heißt, Essen passt, sind alle nett, hier komm ich wieder her. Schon war der Tierarzttermin ein rein positiver Akt.

Leinenführigkeit

Nach Hundeart schränkt eine Leine die Bewegungsfreiheit ein. Dennoch ist sie unentbehrlich und auch mal lebensrettend. Erst das doofe Hundegeschirr oder Halsband und jetzt noch dieses Unikum. Ein langer Strick, der verbinden soll. Ja die Leine stellt tatsächlich eine Verbindung her, lenkt und leitet deinen Hund. Ruckartiges Ziehen und Zerren ist von deiner Seite zu unterlassen, das macht dein Hund schon. Bedenke, dass ein starkes Ziehen Haltungsschäden wie auch eine Kehlkopferkrankung hervorrufen kann. Dennoch sieht man erstaunlich oft, wie Hunde ihre Besitzer durch die Straßen ziehen. Doch zu der Fraktion möchtest du sicher nicht gehören.

Also timen wir deinen Welpen von Anfang an auf Entspannung pur. Lernt er das Zerren nicht, macht er es auch künftig nicht.

Im Prinzip trainieren wir sie darauf. Immerhin will der kleine Hund die Welt erkunden und wir dackeln brav hinterher. Er lernt, super, mein Personal folgt mir auf Schritt und Tritt. Wird die Leine straffer, gleichen wir uns sofort dem Tempo an. Immerhin möchten wir nicht negativ in der Gruppe auffallen. Wir bleiben artig, laufen mit und stoppen abrupt. Natürlich rein unbewusst, aber dennoch sehr gelehrig. Was lernen wir daraus? Der Welpe will wohin, schleift dich hinterher und oder zieht und setzt schön und brav seinen Sturschädel durch. Tja, dann viel Spaß mit deinem 50 Kilogramm schweren Hund.

Die Leinenführigkeit beinhaltet ein lockeres Gehen an der Leine. Klappt es nicht, richte die Aufmerksamkeit auf dich. „Schau mal" klappt immer, ein Spielzeug reicht dafür völlig aus. So ist er nicht mehr so auf die Umwelt und das Umfeld fixiert. Gehe auf und ab, hin und her und gib eine leichte Führung durch die Leine an. Das fordert seine vollste Konzentration. Baue zugleich Sitz und Platz mit ein. Gehe mal langsam, dann wieder schnell. Er muss sich dir angleichen und nicht du ihm.

Zieht er wie verrückt, bleibe stehen und warte, bis er sich wieder beruhigt hat. Dann starte einen neuen Versuch, die Welpen sind schlauer als gedacht. Einmal bist du konsequent und einmal nicht und genau das machen sie zu ihrem Vorteil. Sie nutzen unsere Schwächen aus. Ist er hartnäckig, gibt es Tage, an denen du nachgibst. Genau darin liegt der Fehler, einmal nein heißt auch für immer nein. Das ist übrigens bei jeder Anordnung so. Ziehe dein Vorhaben mit Liebe und Disziplin durch, dann lernt er auch besser zu verstehen. Merke dir, zerrt und zieht dein Hund, bleibe stehen und unterbinde es. Warte, bis er sich beruhigt hat, und gehe dann an der lockeren Leine weiter. Zu empfehlen ist ein Hundegeschirr, das den Kehlkopf nicht malträtiert. Übe täglich, auch wenn dein Hund später wenig an der Leine geht. Es gehört zur Mensch-Hund-Kommunikation einfach dazu. In unserer heutigen Zeit herrscht in vielen Städten schon Leinenpflicht, daher ist diese Übung ein Muss.

Übe mit deinem Hund auch an der Straße. Eine Bordsteinkante heißt Sitz und die Leine ist an der Straße immer am Hund. In der Welt des Straßenverkehrs hast du sehr wohl mal das Recht zu ziehen. Ein herannahendes Fahrrad, ein Auto oder ein Kinderwagen. Gerade hier muss sich dein Vierbeiner voll und ganz auf dich konzentrieren. Dabei wird der Welpe einfach und schnell straßentauglich. So kannst du auch mit den öffentlichen Verkehrsmitteln fahren und dein Hund fährt sicher an der Leine mit.

Öffentliche Verkehrsmittel

Auweia, das große laute Ding macht jetzt schon Angst. Doch es fährt den Welpen nur von A nach B. Die vielen Menschen, der Lärm, der Kinderwagen, Mama, ich will raus. Bevor du so eine Aktion startest, suche dir ruhige und entspannte Fahrzeiten aus und nur etwa zwei bis drei Stationen. Also nicht bei Schulbeginn und Schulschuss und genauso wenig, wenn alle Menschen in die Arbeit fahren. Somit lasse die Rushhour außen vor. Da es aufregend werden könnte, nimm am besten Wischtücher mit, falls die Fahrt gleich mal auf die Blase drückt. Steige langsam ein und suche dir am besten einen ruhigen Platz aus. Erzähle ihm nicht, wie schlimm du das schon als Kind gefunden hast und dabei in den Bus gespuckt hast. Er will es nicht wissen. Lobe ihn beim Ablegen und starre ihn nicht an. Beim Aussteigen wieder loben und schon sieht er die Fahrt als angenehm an.

Autofahrt

Diese kennt er sicher schon davon, als er seiner Hundemama entrissen wurde. Je nach Größe ist eine Hundebox ideal. Sein Reich, seine Fluchtburg und ein sicherer Käfig. Ein Hund kann bei einem Unfall zum tödlichen Geschoss werden. Ebenso bewahrt sie vor Schmutz und Dreck sowie vor einer eventuellen Zerstörungswut. Eine Decke, seine Spielsachen und schon wird die Fahrt bequem.

Hochspringen

Wie ein Känguru und kaum zu bremsen hüpft der Welpe wie ein Gummiball. Besucher, Freunde, Fremde und die Familie selbst werden ständig angesprungen. Der menschliche Nachwuchs kommt ins Wanken und die Oma ergreift mit dem Rollator die Flucht. Schon beim Einzug sollte der kleine Kerl lernen, ich spiele nicht die erste Geige. Klingelt es an der Tür, steht er jaulend und schwanzwedelnd in Hüpfposition da. Und zack hat man ihn am Knie oder beim Bücken gleich noch im Gesicht. Bevor der Besucher eintritt, kommt erstmal „Tschuldigung" und dann das Hallo. Der kleine Hund übermannt mit seinem Temperament wirklich jeden.

Somit muss die ganze Familie an einem Strang ziehen. Nimmt er von weitem Anlauf, gleich mal abwehren und ruhig unsanft zur Seite schieben. Suche dir dafür ein bestimmtes Wort wie „unten" aus, oder was dir selbst gerade einfällt. Ziehe ihn am Halsband oder Geschirr nach unten. Lobe ihn, wenn er unten bleibt, auch wenn Leute auf ihn zukommen. Was in diesem Alter so niedlich erscheint, wirkt bei einem großen Hund sehr bedrohlich. Schnell können Personen auf dem Rücken liegen oder dadurch stürzen. Auch ist nicht jeder deinem Hund wohlgesonnen. Ihr seid keine „Pfotenabstreifer", denn bei Schmuddelwetter ist dem wirklich so.

Beißhemmung

Deine ganze Familie sieht schon aus, als wäre sie einem Stacheldraht zum Opfer gefallen. Die Möbel, als wäre wären sie von Ratten befallen und die Leine ist kurz vor durch. Die Beißhemmung ist nicht angeboren und sollte bis zur 16. Woche antrainiert werden. Auch das ist ein wichtiger und nicht zu unterschätzender Teil in der Welpen-Erziehung. Von Natur aus dient es ihm zur Verteidigung, denn man weiß ja nie. In freier Wildbahn nagen Wolfswelpen zudem an Knochen und Ästen. Ein Grund dafür kann sein, dass das Zahnfleisch juckt.

Im Rudel selbst werden schon fleißig Abwehr und Kehlbiss geübt. Taucht hier ein verzweifeltes Fiepen auf, lässt der Welpe im Normalfall wieder ab. Meist erschrickt der „Übeltäter" sogleich und das Spiel geht wieder weiter.

Es war nicht wirklich böse gemeint, aber Aua macht es schon. Die kleinen Zähnchen haben es nämlich in sich. Sie sind spitz, scharf und tun höllisch weh. Bitte bei Kleinkindern die Vorsicht walten lassen und niemals unbeaufsichtigt oder gar alleine Kind und Hund sich selbst überlassen. Menschen sind keine Hunde und artikulieren nicht mit deren Laute und

Körpersprache. Wird der Welpe im Spiel sehr massiv, sollte dieses einfach kurz unterbrochen werden. Dreht der Vierbeiner nicht mehr so auf und kommt zur Ruhe, den nächsten Versuch starten. Aber niemals sein Beißen und Zwicken gutheißen. Bevor er in die Hände, Füße und Waden beißt, sofort ein Spielzeug anbieten. Wir sind ja keine lebenden Kaustangen.

Kinder bleiben bei solchen Spielen am Anfang außen vor, denn der kleine Engel kann schnell zum Piranha mutieren. Dreht der Welpe jedoch mehr und mehr auf, sollte das Spiel ganz beendet werden. Wenn es sein muss, auch mal kurz anleinen. Jeder Hund weist eine andere Toleranzgrenze auf und somit kann aus einem wilden Spiel eine ernsthafte Rangelei werden. Manche Welpen beißen sich regelrecht durchs Leben, ob aus Frust, Angst oder dem Spieltrieb heraus. Einen Grund gibt es ja immer. Grundsätzlich stets aus jeder Situation gehen, wenn der Welpe meint, er muss den weißen Hai spielen. Sonst lernt er, wenn ich beiße, pfeifen alle nach meiner Pfeife.

Die Beißhemmung ist sehr wichtig!

Hunde müssen lernen, nicht oder nur gehemmt zuzubeißen. Anders bei dem Wort „Fass“. Bissverletzungen können üble Spuren hinterlassen. Wird aus dem süßen Hündchen einmal ein Kangal, dann weißt du, was Sache ist. Hier hat der Mensch eindeutig verloren. Also früh übt sich, wer Meister werden will, und du willst ja einen alltagstauglichen und menschenbezogenen Hund. Mit zunehmendem Alter werden die Kiefer immer kräftiger und manche Rassen lassen sodann auch nicht mehr los. Somit heißt es beim Besitzer, Zähne zusammenbeißen und durch. Ab der sechsten Woche beginnt der Zahnwechsel und die spitzen Zähnchen verabschieden sich. Doch bis dahin muss die Beißhemmung gut trainiert sein. Ein Knochen oder Ast stellt für einen Hund keine große Herausforderung dar. Somit lass ihn seine Beißwut nicht ausleben und unterbinde dies vehement. Sorge für genügend Abwechslungsmöglichkeit, wie z. B. eine Tongawurzel oder das Chewies-Kaffeeholz. Beides aus 100 % Natur pur.

Tipps und Tricks:

 Die Hand, die einen füttert, beißt man nicht. Beißt dein Welpe beim Spielen in die Hände, sofort das Spielen stoppen und mit einem „Aus“ quittieren. Hört er auf, sogleich ein Alternativ-Spielzeug anbieten.

 Geht er an Möbel und Gegenstände ran, nimm eine Sprühflasche mit Wasser, ziele auf ihn mit dem Wort „Aus“. Da staunt der kleine Kerl erst mal nicht schlecht. Zumal er zu dir auch keine Verbindung herstellen kann. Ja, wer war denn das bloß?

 Beißt sich der Welpe in der Leine fest, wieder das berühmte Wort „Aus“ und mal zu einem Leckerli greifen.

Wo ist mein Platz?

Die Hundedecke liegt parat und der Welpe düst beim Einzug gleich mal schnurstracks vorbei Richtung Couch. Echt nicht so einfach mit den kurzen Beinchen, diese zu erklimmen. Doch mit etwas Anlauf ist es geschafft. Im Normalfall würde man nun hingehen und ihn auf seine Hundedecke verweisen, mit dem vorherigen Pfui. So, jetzt hat er ja die Trennung und die lange Autofahrt hinter sich und dann ihn noch von der Couch vertreiben. Niemals! Zudem hat er von dieser Warte aus auch eine bessere Sicht. Der Welpe lernt, was ich einmal darf, darf ich immer, und so ist als Nächstes dann das Schlafzimmer dran. Hunde brauchen wie Menschen Regeln und Rituale und nicht mal Hü und mal Hot. Der Hundekorb oder die Hundedecke ist sein neues und bequemes Schlaflager.

Ich stehle nicht, ich hole es mir nur!

Zunächst einmal gibt es nichts vom Tisch, denn unser Essen ist nicht für den Hundemagen bestimmt. Zu heiß, zu kalt, zu scharf, zu sauer und zu süß. Das richtet mehr Schaden wie Nutzen an. Ebenso bringst du ihm damit bei, sitzen alle bei Tisch, bettle ich mich einmal durch. Sein Futter ist im Napf und nicht auf dem Teller.

Genau hier liegt das Problem. Man glaubt nicht, wie erfinderisch Hunde sind. Plötzlich fehlen die Pausenbrote, das Steak oder er klettert vom Stuhl auf den Tisch. Mahlzeit schon mal und guten Appetit. Zeige ihm, hier ist mein Futter und auch das ist nicht jederzeit zugänglich. Lasse Nass- oder Rohfutter nur kurz stehen. Auch Trockenfutter muss nicht immer zugänglich sein. Er muss sich an seine Essenszeiten halten, wie wir Menschen auch. Frisches kaltes Wasser dagegen ist ein Muss. Füttere ihn auch nicht unterwegs mit einer Leberkäsesemmel, das ist alles andere als artgerecht.

Wie heiße ich eigentlich?

Gute Frage, denn oftmals haben die Welpen aus der Zucht so hochtrabende Namen wie „Yuma Yuman vom Egelhof“. Der Besitzer nennt ihn nur Fritz oder Luna. Demnach muss dein Welpe auf seinen neuen Namen gut hören. Luna und Fritz, dem kann er noch keine Bedeutung beimessen. Bitte rufe nicht ständig diesen Namen, dann verfliegt der Effekt. Ist er aufmerksam, rufe Luna oder Fritz und schau, wie er reagiert. Geh in die Hocke und rufe nochmals seinen Namen. Kommt der Hund angerauscht, ein dickes Lob und tu so, als hättest du im Lotto gewonnen. Kommt er nicht, gehe weg und drehe dich keinesfalls um. Soll das Hundchen mal sehen, wo es bleibt.

Siehst du ihn kommen, rufe zugleich seinen Namen und vergiss das Loben nicht. So konditionierst du ihn Schritt für Schritt auf seinen Namen. Demzufolge ist ab heute sein Name Programm. Bitte vermeide auch Verniedlichungen. Heißt der Hund Fritz, dann nicht gleich Fritziiii. Die Betonung „i“ kennt der Wirbelwind ja nicht. Auch am Klang deiner Stimme wird er bald merken, mein Herrchen oder Frauchen ist grade gut gelaunt, oder nicht.

Nicht alles läuft nach Plan und somit versuche diese Fehler von vorneherein zu vermeiden.

Zu viele Wiederholungen!

Hunde sind generell nicht schwerhörig und sie mögen auch nicht ununterbrochen dieselbe Laier. Sprichst du zu oft seinen Namen aus, entscheidet er irgendwann selbst, wann er kommt, denn er schaltet dann auf stur oder überhört dich schlicht und ergreifend. Es kommt auf die Stimmlage wie auch Ausdrucksweise an. Rufe nicht gleich öfters seinen Namen, vielleicht führt er den Befehl auch erst verspätet aus. Also abwarten, Tee trinken und deinen Hund wortlos holen und nicht meckern. Lasse ihn und dich zur Ruhe kommen, beginne die Übung neu und rufe zunächst nur einmal seinen Namen. Er weiß schon, wie er heißt.

Vermenschlichung!

Es sind Familienmitglieder, der Kinderersatz, der Lebensabschnittspartner und der beste Freund der Welt. So weit, so gut. Dennoch vermenschliche ihn nicht, oder möchtest du wie ein Hund behandelt werden? Hunde nehmen ihre Umwelt anders wahr und können deine nett gemeinte Verhaltensweise auch mal falsch interpretieren. Umarmen kann einengen, ihn im Ehebett schlafen lassen auch einzwängen. Gib ihm den Freiraum, den er braucht, und richte dich nach seinen Bedürfnissen. Ebenso brauchen Hunde keine Kleidchen und Haarspangen. Gerade die kleinen Rassen verleiten dazu. Oder hast du schon mal einen Bernhardiner mit rosa Haarspange gesehen? Komisch, da sieht es wieder lächerlich aus. Bei kleinen Hunden aber auch. Hundemäntel dagegen sind bei bestimmten Rassen wie auch Krankheiten und im Alter ein Muss. Sie schützen den Bewegungsapparat und die Nässe und Kälte kriecht dem Hund nicht in die Knochen.

Wenn er das mal nicht mit Absicht gemacht hat!

Schauen Hunde schuldbewusst, ist ihnen ihre Schuld nicht bewusst. Sie zeigen ein Vermeideverhalten auf. Es tut ihnen nicht leid, wenn die sündhaft teure Vase zu Bruch gegangen ist. Sie lesen nur deine

Körpersprache und reagieren darauf. Sie möchten dich freundlich stimmen, aber sind sich dennoch keiner Schuld bewusst. Das interpretieren wir nur so.

Falsche Signale!

Deine Körpersprache wie auch Stimme sind eine Einheit. Hunde kommunizieren hauptsächlich mit Gestik und Mimik. Stampfst du mit dem Bein auf den Boden und wedelst wild mit der Leine und rufst freundlich? Tja, dann wird er eines schon mal sicher nicht tun, kommen. Er kann all deine Signale nicht deuten und bleibt dir lieber fern. Dann wundere dich auch nicht und ärgere dich über dich selbst. Anweisungen sind immer klar und deutlich und der Hund ist im Blickfeld zu halten.

Mangelnde Konsequenz!

Nur durch Konsequenz bahnt sich eine vernünftige Erziehung an. Heute darf der Welpe dies und morgen wieder nicht. Einmal darf er aufs Bett, ist er nass, lieber nicht. Ausnahmen bestätigen die Regel und so soll es nicht sein. Deine Inkonsequenz bringt ihn zum Verzweifeln. Konsequenz kann liebevoll sein und stellt keine Strafe dar.

Gassi gehen reicht!

Es gibt Menschen, die legen sich einen Hund zu und finden zweimal Gassigehen am Tag reicht aus. Doch wo bleiben die Schnüffelspiele, Suchaktionen und die schönen spannenden Wanderungen? Ein unterforderter Hund stellt Unfug an und kann zur Aggression neigen.

Grobe Behandlung!

Grobe Menschen können sich bei Hunden zu wahren Beziehungskillern entwickeln. Der Hund hat Angst, Stress und beißt auch mal zu. Hunde lernen nicht mit Druck, Gewalt und Härte, sondern mit Liebe und Vertrauen. Somit schenke ihm positive Erfahrungen und laste ihn stets sinnvoll aus.

Sicher wirst du dich wundern, wenn der Welpe dasselbe Futter bekommt und Durchfall hat. Das Hundebaby ist gerade mit einer Menge Stresshormonen belastet. Leider kann zu viel Stress auch zu Verdauungsstörungen wie auch Infektionen führen. Der Umzug ins neue Zuhause stellt eine große psychische Belastung dar. Daher bitte nie das Futter wechseln. Der Züchter hat Erfahrung und weiß, was für die kleinen Racker gut ist.

Im Junghundalter kannst du einen Wechsel vornehmen. Aber bitte nicht von jetzt auf gleich. Gib deinem Welpen anfangs etwas weniger in der Eingewöhnungszeit und erhöhe dann die Menge. Hat ein Welpe drei Tage lang Durchfall, ab zum Tierarzt. Das kann lebensbedrohlich werden, da er viel an Flüssigkeit verliert. Verabreiche ihm vorsorgend Elektrolyte, von diesen kannst du dir einen Vorrat beim Tierarzt besorgen. Verwende keine Präparate aus der Hausapotheke und wenn, dann nur Kohletabletten oder Heilerde. Nux Vomica wirkt in der Regel gut. Trotzdem, ein Tierarztbesuch bringt Klärung und hilft dem Welpen, schnell wieder auf die Beine zu kommen. Bedenke auch, ihr Immunsystem ist bei weitem noch nicht ausgereift.

Welpen benötigen drei- bis viermal Futter am Tag. Bei einem Junghund reicht zweimal täglich aus. Einmal am Tag belastet den Organismus und die Gefahr einer Magendrehung steigt. Was auch bedeutet, nach dem Fressen und Trinken sollte der Hund gute zwei Stunden ruhen. Ist das Futter gut 30 Minuten im Napf, wird es wieder wegstellt und später erneut angeboten. Die Futterquelle sollte nämlich nicht selbstverständlich erreichbar sein. Auch hier gibt es schlechte wie auch gute Futterverwerter, wie bei Menschen auch. Eine hohe Energiezufuhr kann zu schweren Skelettschäden in der Wachstumsphase führen. Somit ist die Zusammensetzung das A und 0. Züchter wie auch Tierärzte wissen da am besten Bescheid. Phosphor und auch Kalzium sind demnach ein Muss. Die

Ernährungsphilosophie ist ein undurchdringbarer Dschungel, somit lasse dich nicht von Hochglanzverpackungen blenden.

Hunde sollen nicht schnell in die Höhe schießen, sondern langsam und beständig wachsen. Somit braucht es einen guten Nährstoffkomplex. Kleine Rassen haben eine Wachstumsphase von gut einem Jahr. Große Rassen haben mehr als zwei Jahre Wachstumszeit. Du erkennst sehr schnell, ob dein Hund rundum gesund ist. Spielt und tobt er gerne, hat er Freude an Bewegung? Ist sein Fell glänzend und sein Zahnfleisch schön rosarot? Und sind seine Augen klar und steht er gut im Futter, dann ist er wohl gesund.

Natürlich soll dein Welpe durch seine Schönheit glänzen. Dabei ist die Fellpflege im Allgemeinen ein Muss. Sie verhindert Hautkrankheiten, Verfilzungen und stellt zugleich eine Bindung zum Besitzer her. Ebenso können sich im Fell Flöhe wie auch Milben und Zecken einnisten. Pflege ist deswegen äußerst wichtig. Dafür bieten sich folgende Kämme wie auch Bürsten an:

- Flohkamm
- Fellkamm
- Unterwollbürste
- Entfilzungsharke
- Furminator
- Fellschere
- Schermaschine
- Shampoo und Fellpflegeprodukte

Wirf immer ein Auge auf die Fellpflege, sie verhindert nachstehende Beschwerden wie auch Krankheiten.

- Das Fell juckt, wird schuppig und verknotet sich.
- Es kommt zu einem Parasitenbefall.
- Bakterielle Hautentzündungen entstehen.
- Verfilzungen sind an der Tagesordnung.
- Der Hund fängt zu riechen an.
- Pilzinfektionen entwickeln sich.
- Das Immunsystem wird geschwächt.
- Der Hund wird krankheitsanfällig.
- Flöhe, Milben, Läuse und Zecken nisten sich ein.

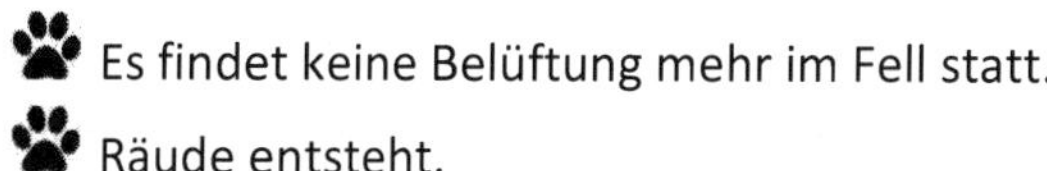

- Es findet keine Belüftung mehr im Fell statt.
- Räude entsteht.

Nur mit einer entsprechenden Fellpflege fühlt sich dein Hund rundum pudelwohl.

Welpe – Schlafen

Schlaf, Kindlein, schlaf. Genau das benötigen die kleinen Fellnasen auch. Kleine Trainingseinheiten und keine großen Spaziergänge. Der Rest ist seine Traumwelt. Suche dafür einen kuscheligen, ruhigen Schlafplatz in deinem Zuhause aus. Kein Durchgangszimmer und auch ohne Durchzug und kaltem Boden.

Das eigentliche Training ist nicht nur Sitz, Platz und Fuß, es beinhaltet viel mehr. Die Vertrauensbasis, das Gemeinsame und der Spaß stehen im Vordergrund und der Chef dabei bist du und nicht dein Welpe. Sie wickeln einen schnell um den Finger, doch Erziehung muss sein. Das bietet wiederum einen Mehrwert an Sicherheit. Also bleib stark und halte durch. Dein Welpe muss bereit sein und Übungen nachvollziehen können. Somit ran an den Start, es ist noch kein Meister vom Himmel gefallen. Bedenke auch, ab der zwölften Woche bauen Welpen eine feste Bindung zu ihrem Menschen auf. Und der bist du! Demzufolge bist du sein „Leitwolf", der ihm liebevoll den Weg aufzeigt.

Verhalten verstehen

Menschen, die nicht dieselbe Sprache sprechen, verwenden ihre Mimik wie auch Körpersprache. Messe dabei auch nicht ein hundliches Verhalten mit dem eines Menschen. Um zu versehen, muss man auch verstanden werden. Hunde haben viel Zeit, ihre Menschen zu lesen, wir Menschen übersehen diesen Vorzug meist. Wichtig ist, seine Körpersprache und Ausdrucksweise nachzuvollziehen und begreifen zu können.

Ein Beispiel:

Der Welpe steht auf einer Wiese und du möchtest ihm eine Übung beibringen und gehst gleich mal in Position. Doof ist nur, dass gerade ein Hund von weitem kommt. Die Aufmerksamkeit richtet sich wohl oder übel nicht auf dich. Nun versuchst du zwanghaft mit all deinem Charme, seinem Ball und den mitgebrachten Leckerlis die Situation noch zu retten. In solchen Situationen gleich vorher abbrechen, sonst wirst du unglaubwürdig für ihn. In diesem Alter macht es wenig Sinn, eine Übung einzufordern, später schon. Auf seinem Plan stehen jetzt noch Spaß und Spiel.

Du wirst somit relativ schnell merken, ob die Aufmerksamkeit ungeteilt ist oder nicht. Meist ist der Vierbeiner schon auf deinen Ball oder den nächsten Übungsschritt fixiert. Kannst du deinen Hund nicht lesen, kannst du ihn auch nicht verstehen.

Körpersprache – Hund in Stichpunkten:

Aufforderung zum Spiel:

- schwenkende Bewegungen
- wedelt mit der nach der Seite gerichteten Rute
- Auffoderungsbellen
- das Hinterteil wird in die Höhe gereckt, das Vorderteil gesenkt
- die Augen werden gerollt

Angst und Unsicherheit:

- Blickkontakt wird vermieden
- er macht sich starr
- der Welpe entfernt sich von dem Gefahrenpunkt
- gesenkter Kopf
- ängstlicher Gesichtsausdruck
- vergrößerte Pupillen
- Beine leicht eingeknickt
- Rute zwischen die Hinterbeine geklemmt
- schreiende wie auch winselnde Laute
- Hecheln und Zittern
- liegt zur Unterwerfung auf dem Rücken
- geduckte Körperhaltung
- kratzt sich, leckt sich das Maul und gähnt
- unkontrollierter Urin- wie auch Kotabsatz

Aggression/Dominanz:

- anrempeln
- aufreiten (kann auch sexuell sein, bei einer läufigen Hündin)

- Imponierverhalten
- macht sich steif
- fixiert
- häufiges Markieren

Viele Merkmale, die bei der Hundeerziehung mit einfließen und auch beachtet werden sollen.

Allein daheim

Es bricht einem das Herz, die Nachbarschaft läuft Amok und das Hundchen ist ganz außer Rand und Band. Niemand sollte sich einen Welpen anschaffen und tags darauf in die Arbeit gehen. Dabei gehst du schrittweise vor. Der Welpe hat schon eine schwere Trennung hinter sich. Die von Mama und die tut jetzt noch weh. Oft träumt er noch von ihr und seinen lieben Geschwistern. Nun bist du als Besitzer gefragt. Auch hier gilt es, es gibt Welpen, die lassen sich nicht sonderlich beeindrucken und andere sind das geborene Mamakind. Somit die obligatorischen Rituale. Müll, Keller, Briefkasten. Alles kurze und knappe Ausflüge und du kannst einschätzen, wie der Kleine reagiert.

Jault er und kratzt an der Tür, gehe zurück und sage laut und deutlich „Nein" und gehe gleich wieder raus. Jault er wieder, dann verrichte eine kurze Tätigkeit. Kommst du zurück und er winselt, fiept und jault und springt dich an, ignoriere ihn oder schicke ihn auf seine Hundedecke. Wiederhole die Übungen mehrmals am Tag, aber nicht hundertmal hintereinander. Ist er brav und legt sich ab und du kommst und er ist still, dann ist aber ein dickes Lob fällig. Und bitte, wenn du gehst, dann gehst du. Kein „Ich gehe jetzt zum Bäcker und in die Reinigung. Nein, einfach ein Herrli oder Frauli geht. Dann weiß er nach und nach Bescheid." Einige Erstbesitzer bleiben beim Rausgehen außen an der Eingangstür stehen, um zu hören, ob er noch atmet. Er weiß, dass du da stehst, er kann dich riechen. Er soll nur die Schritte hören und du kommst ja wieder.

Es gibt auch Hunde, die jaulen nicht aus Kummer und Schmerz, sie finden es einfach unverschämt, nicht mitkommen zu dürfen, denn sie unterliegen einem sehr strengen Kontrollzwang. Das fällt auf, wenn der Besitzer aufsteht und der Hund gleich mitkommen will. Geht er in die Küche, der Hund wacht davor. Will er jemanden begrüßen, geht der Hund erstmal dazwischen. Bitte, lass dich nicht von deinem Hund gängeln. Er könnte mal zum Tyrann mutieren.

Welpen-Spielstunde

Einige Hundeschulen bieten Welpenspielstunden an. Da solltest du gleich mal zugreifen. Hier findet sich alles, was Rang und Namen hat, und jede Rasse dazu. Dein Welpe lernt somit sich durchzusetzen wie auch zu unterwerfen.

Ebenso findet ein Spielen und Kräftemessen statt. Man lernt Gleichgesinnte kennen und kann sich sinnvoll austauschen. Tipps und Tricks von Hundetrainern gibt es dazu. Merke dir bitte eines, Welpen haben keinen Welpenschutz. Das ist nur auf ihr eigenes Rudel bezogen. Somit muss auch nicht jeder erwachsene Hund welpenfreundlich sein. Das kann eine lebenslange schlechte Erfahrung darstellen und auch mal ins Auge gehen. Deswegen sind die Spielstunden mit „Freunden" so perfekt. In einem eingezäunten Terrain und mit Gleichaltrigen spielen, bis einen der Schlaf übermannt. So sieht dann ein richtig zufriedener und glücklicher Welpe aus.

Gehorsam lernen

Ein Welpe kann sich maximal zehn Minuten konzentrieren, dann ist aber Schluss. Alles was danach folgt, nimmt er nicht mehr auf. Der Welpe ist keineswegs bockig, sondern heillos überfordert. Er zeigt das Verhalten durch Gähnen, Ablegen und Winseln. Also lass es für heute auch gut sein, zwei Übungseinheiten am Tag reichen völlig aus, morgens und abends oder einmal am Tag. Ein Gehorsam wird durch Übungen gelernt und nicht nur ein strenges Konzept. Immerhin solltet ihr beide Spaß an der Freude haben. Lernen ist kein Zwang, sondern stellt ein positives Erlebnis dar. Mit gut sechs Monaten kannst du die Übungen dann auf 30 Minuten ausweiten.

Aufforderung „Hier"

„Hier“ wird in Verbindung mit seinem Namen gerufen. Also Fritz oder Luna hier und auch gleich in die Hocke gehen. Warum? Dann siehst du um einiges kleiner aus und bist für ihn weiter weg. Dann mit einem dicken Lob bestätigen. Wiederhole täglich, denn von einmal alleine merkt sich das Hundekind diese Übung sicher nicht.
Handzeichen: Auf den Schenkel klopfen (nicht zu feste, das gibt wiederum geplatzte Äderchen).

Sitz:

Stell dich über deinen Hund aufrecht hin und bewege deine Hand über seinen Kopf. Klappt es nicht, nimm ein Leckerli zur Hand. Durch das Aufschauen macht er automatisch Sitz. Als Lob erhält er sogleich seine Belohnung dafür.
Handzeichen: Erhobener Zeigefinger

Platz:

Die Ausgangsposition ist anfangs das Sitz, dann bücke dich zu ihm runter und lege das Leckerli auf den Boden. Dabei begibt er sich gleich in die Position Platz. Wird er älter, reicht deine Aufforderung ohne das Leckerli aus. Konditioniere ihn mehr auf die Übung als das Leckerli in der Hand oder versuche es gänzlich ohne. Wird er zu sehr darauf fixiert, zeigt er dir die Mittelkralle, wenn du einmal ohne antrittst.
Handzeichen: Die Handfläche dabei nach unten führen.

Bleib:

Könnte bei „Mamakindern“ schwierig werden. Gehe demnach wie folgt vor. Ein artiges Sitz und gehe nicht weg, als hättest du einen wichtigen Termin. Gehe langsam rückwärts und sag einmal „Bleib“. Klar, jetzt steigt die Panik auf und er dackelt brav hinterher. Immerhin entfernt sich seine Futterquelle wie auch Bezugsperson von ihm. Gehe wieder zurück mit ihm an seinen Platz, „Bleib“ und das Ganze wieder von vorne. Ein paar Schritte reichen völlig aus. Dann heißt es „Komm“ oder „Zu mir“. Aber bitte, funktioniert es nicht, lass ihn im Sitz, belohne den Welpen und breche ab. Jede Übung sollte daher immer mit einer positiven Übung beendet werden.
Handzeichen: Die innere Handfläche nach oben zum Hund gezeigt.

Aus:

„Aus“ kann in vielen Bereichen genutzt werden. Ob der Ball, das Spielzeug oder auch das fremde Hosenbein. Hierbei ist der Ton etwas schärfer.

Pfui:

Wer einen Garten hat, kann ein Lied davon singen. Welpen sind wahre Müllsammler und schleppen alles mit heim. Kaputte Bälle, gut, vorher waren sie noch ganz, Tempos, Stöckchen, Plastikflaschen, eben alles was so in der Welt rumliegt. Und da wir in einer Wegwerfgesellschaft leben, tut sich ein wahres Paradies für den kleinen Racker auf. Ein energisches Pfui und das von Anfang an, denn es ist eine sehr gute Lebensversicherung bei Giftködern, und daran ist in der heutigen Zeit auch immer zu denken. Arbeite unbedingt mit von dir ausgelegten Ködern und gehe ganz bewusst daran vorbei. Hier musst du auch mit einer Belohnung arbeiten, denn so umsonst geht der Welpe nicht an den Leckereien vorbei. Lobe ihn für dieses Verhalten und bedenke, es kann dauern, bis er diesen Prozess verinnerlicht hat. Es gibt wählerische Rassen, aber auch den Labrador, eine wandelnde Biomülltonne auf vier Pfoten. Trainiere täglich, so schützt du auch sein Leben.

Bei Fuß:

Erstmal muss dein Hund tadellos an der Leine gehen. Bei Fuß wird auch anfangs so geübt. Die Leine ist niemals ein Folterinstrument, sondern eine Kommunikationsstrippe. Sie verbindet euch und gibt Richtungshinweise. Auch wird sie keineswegs zum Bestrafen benutzt. Sie ist im Prinzip dein verlängerter Arm. Nehme nun ein Leckerli oder sein Lieblingsspielzeug und halte es nah an deinen Oberschenkel ran, so dass er es sieht und nicht hin kann. Er schaut auf und geht automatisch bei Fuß. Diese Übung muss mit einer lockeren und nicht gespannten Leine vollzogen werden. So kannst du nach und nach auch den Richtungswechsel üben.

Versetzte dich bitte mal in deinen Hund. Du fuchtelst wild herum und dein Welpe soll inklusive Stimmengewirr von weitem den Hieroglyphendeuter spielen? Jagst du Mücken, machst du Kickboxen oder was? Von weitem kann er aber dein Mienenspiel sehr gut deuten und das verheißt nichts Gutes. Demzufolge machen komplizierte Sätze wenig Sinn und eine einfache Handbewegung weist klare Signale auf. Sätze wie, Fritz oder Luna, brav vor dem Laden warten. Ich hole nur ein paar Dinkelsemmeln und die Schlange ist lang. Das ist nicht notwendig, ein Bleib reicht auch schon aus.

Definiere dich daher immer klar und deutlich und arbeite auch du mit deiner Körpersprache. Du drehst dich mit deinem Körper weg und schaust nur mit dem Kopf zu ihm. Wie soll er denn so wissen, was Sache ist? Arbeite immer mit dem vollen Körpereinsatz und nimm deine Stimme dazu. So weiß der Welpe, was du meinst, und tappt nicht im Dunklen herum. Übungen und Anweisungen müssen immer eindeutig sein, ansonsten liegt der Fehler bei dir. Gedankenlesen kann das Hundchen leider nicht. Arbeite auch entspannt und nicht unter Anspannung. Bist du nicht voll und ganz beim Thema, dann übe auch nicht mit ihm, da du ihn sonst nur verwirrst.

Lernmotivation durch Lob und Leckerli?

Leckerlis sind eine Gratwanderung an sich. Zum einen sehr hilfreich, zum anderen machen sie dich von deinem Hund abhängig. Zur Not und bei bestimmten Übungen können sie sehr hilfreich sein, dennoch sollten sie niemals die Regel darstellen. Ein Lob wie Streicheln oder sein Lieblingsspielzeug tun es auch. Diensthundeführer schleppen auch nicht tonnenwese Hundegutti mit sich rum, die Belohnung stellt sein Spielzeug dar. Denn hätte er mal keines der leckeren Hundeguttis dabei, könnte dies zu einer Arbeitsverweigerung führen. So nach dem Motto „Such selbst Täter, ich bin leider futtermäßig unterversorgt und quittiere den Dienst". Genau das ist nicht Sinn und Zweck der Sache. Somit kannst du ihn von Anfang auf sein Lieblingsspielzeug und deine Streicheleinheiten konditionieren.

Sozialisierung:

In der Sozialisierungsphase macht es der Mix an guten Eigenschaften aus, sie ist sozusagen das Salz in der Suppe. Der Welpe muss alles in und um sein Umfeld kennenlernen. Schreiende Babys, Rollstuhlfahrer, Autos, fremde Menschen, laute Geräusche und vieles mehr. Auch ein Urlaub auf dem Bauernhof ist gleich mal nicht schlecht, so lernt er Tiere und neue Orte kennen. Aber auch im Haushalt stellen eine Waschmaschine, der Geschirrspüler und der Staubsauger eine Herausforderung dar.

Achte auf sein Wesen und Temperament und überfordere ihn nicht. Er soll die Sachen gutheißen und nicht in Panik verfallen, denn du weißt ja, er merkt sich alles ein Leben lang. Arbeite mit einem Regenschirm, dem Geräusch der Kaffeemaschine und bringe ihm bei, dass dies alles keine Bedrohung darstellt. Er wird sich nach deiner Stimmung und Ausstrahlung orientieren, also weg mit jeglicher Hektik und Aufregung. Biete ihm jederzeit Rückzugmöglichkeiten an, er hat das Recht, sich zu verkriechen, wenn ihm etwas zu viel wird.

Viele Tipps bezieht man aus Ratgebern von anderen Hundebesitzern, aus dem Internet und von guten Freunden. Nicht jeder Welpe ist gleich schnell in den Entwicklungsphasen, überfordere ihn also nicht. Üben muss dennoch sein und am Anfang mehr denn je. Nur muss er nicht zum Zirkushund mutieren, er soll die Regel des Alltags kennenlernen, mehr nicht. Arbeite stets auf positiver Basis mit ihm und motiviere ihn. Routine ist dabei ein wahrlicher Pluspunkt, so prägt sich alles gut im Welpengedächtnis ein. Welpen müssen nicht nur die Grundregeln, sondern auch die Alltagsregeln beherrschen und wie immer braucht es eine große Portion an Kuscheleinheiten.

Da du und dein Hund ja beide Anfänger seid, übe mit einem **5-Wochenplan**. So hast du einen roten Faden und guten Erfolg.

Erste Woche –

Stubenreinheit, auf den Namen hören und Beginn der Leinenführigkeit.

Zweite Woche –

Leinenführigkeit vertiefen, das Wort „Komm“ und „Hier“ üben. Lass ihn einige Minuten alleine und alles immer mit Ruhe und Geduld.

Dritte Woche –

Sitzen die obenstehenden Übungen, dann wieder vertiefen und mit „Bleib“ fortfahren.

Vierte Woche –

Ganz nebenbei sollte er „Aus, „Pfui“ und „Nein“ so langsam aber sicher akzeptieren.

Fünfte Woche –

„Fuß“ ist zwar noch nicht Pflicht, aber fange langsam damit an.

Welpen spielen für ihr Leben gerne und beziehen den Menschen voll und ganz mit ein. Viele verwenden einen Ball und genau darin liegt das Problem. Ab und an und hin und wieder ja, aber manche Hunde mutieren zu wahren Balljunkies und der Mensch unterstützt das durch seine Bequemlichkeit. Der Hund wird schnell ausgepowert und ist müde dazu. Dennoch geht es um den abrupten Stopp, der zu einer Gelenküberbelastung führt. Der Hund läuft schnell und stoppt wiederum im Lauf. Grundsätzlich sollte der Ball nicht das Mittel der Wahl sein, aber für ab und zu ein abwechslungsreicher Spaß. Ebenso die Frisbee-Scheiben, mit denen sich der Hund in der Luft dreht und wendet.

Optimal sind Such- und Versteckspiele und ab einem guten Jahr das Laufen neben dem Rad. Aber nicht bei Hitze und eisiger Kälte und im adäquaten Tempo. Ebenso sollten die Strecken gut und hundegerecht definiert sein, an der Straße macht das zum Beispiel wenig Sinn. Am liebsten spielen Hunde mit ihren Artgenossen und das nach Lust und Laune. Als Mensch kannst du ihm Hundesport wie Agility oder Opedience anbieten. Einige Besitzer bilden ihre Hunde auch zu Such- und Rettungshunden aus, oder lassen ihn jagdlich weiterbilden. Die Fährtensuche ist dabei ein Highlight, denn die Nase des Hundes ist mit mehr als 125 Millionen Riechzellen bestückt. Dennoch ist der Start bei jedem Welpen gleich, er muss erst einmal die Grundkommandos lernen und in den Alltag integriert sein.

Hunde sind prinzipiell Karnivoren und somit Fleischfresser. Teilweise mutieren sie auch zu Omnivoren, Allesfressern. Sie stammen vom Wolf ab und diese sind sogenannte Selbstversorger. Wölfe fressen nicht nur Fleisch, sondern auch Innereien und somit den Mageninhalt der Beutetiere.

Demzufolge nehmen sie Gräser, Wurzeln, Enzyme und Nährstoffe auf. Heute machen wir es uns relativ einfach und bieten Industriefutter an. Dieses wird in Dosen, Gläsern wie auch als Trockenfutter angeboten. Bei diesem Thema scheiden sich die Geister, denn die Hochglanzverpackungen versprechen mehr, als der Inhalt aufweist. Andere wiederum haben das Kochen für sich entdeckt und ganz andere, die füttern ihren Hund artgerecht. Sie barfen, die biologisch artgerechte Rohfütterung. Hier erhält der Hund frisches Fleisch, Knochen sowie Pansen. Dazu püriertes Gemüse, Obst und einige Zusatzstoffe. Dies scheint die gesündeste Art der Ernährung für Hunde zu sein, da sie so deutlich weniger Krankheiten und Zahnstein aufweisen. Aber wie schon erwähnt, diese Entscheidung liegt beim Besitzer.

Die gesunde Entwicklung steht im Vordergrund, daher muss ein Welpenfutter auch die Voraussetzungen erfüllen. Es ist der Grundstein für die Hundegesundheit und ein langes Leben. Anfangs steht die Muttermilch auf dem Plan, doch was dann? Die Züchter sorgen meist vor, und wenn nicht, die Welt der Hundenahrung ist groß und meist auch sehr unübersichtlich, dabei darf der Welpe auch nicht überfüttert werden. Jedes Gramm zu viel schadet der Knochengesundheit und nicht nur dieser.

Es kann schnell zu Bauchschmerzen sowie Blähungen kommen und letztendlich zu Durchfall führen. Sorge für ein ausgewogenes Futter mit reichlich Eiweiß, Mineralstoffen und Energie. Gewöhne den Welpen langsam daran, wenn eine Futterumstellung erfolgt. Feuchtes Futter ist besser als Trockenfutter, da es verdauungsfreundlicher ist. Und bitte das Futter niemals aus dem Kühlschrank entnehmen und direkt füttern, das bringt ganz schlimme Bauchschmerzen mit sich. Verabreiche das Futter auch nach den jeweiligen Lebensphasen. Fütterst du immer energiereiches Futter, was zu Anfang auch sehr sinnvoll ist, schleicht sich im späteren Leben die Ellbogen-Dysplasie (ED) wie auch die Hüftgelenk-Dysplasie ein, auch HD genannt. Diesen Krankheiten liegt ein zu schnelles Wachstum zu Grunde. Hilfreich sind bei diesem Thema der Züchter wie auch der Tierarzt, mit deren fachkundiger Beratung kannst du viele Fehler vermeiden und dem Tier viel Leid ersparen.

Rasse ist nicht gleich Rasse

Die Auswahl ist groß, bei weit über 800 Rassen und deren Unterarten. Lass dich nicht nur vom Äußeren blenden. Ein Windhund ist schön und elegant, nur kannst du ihm seine „Freiheiten“ bieten? Für Anfänger sind genügsame Rassen bestens geeignet. Das Paradebeispiel bietet dabei der Elo, ein Gesellschaftshund mit Familiensinn. Er fordert nicht wie ein Schäferhund und hat nicht die Schärfe des Rottweilers. Prinzipiell teilen sich alle Rassen in folgende Gruppen auf: die

- Gebrauchshunde
- Gesellschaftshunde
- Jagd- und Vorstehhunde
- Wach- und Schutzhunde
- Hütehunde
- Kampfhunde
- Windhunde

Suche den Hund nach deinem Umfeld und auch deinem Temperament aus. Immerhin wollt ihr gemeinsam durchs Leben gehen. Es gibt Rassen, die fordern, und andere sind eher genügsam. Aber auch innerhalb einer Rasse selbst gibt es Unterschiede, was von den züchterischen Vorstellungen abhängt. Dabei werden etliche Merkmale mehr und andere wieder weniger in der Zucht veranlagt. Informiere dich vorher bei Zuchtvereinen, Hundeschulen wie auch Hundetrainern und im Tierheim. Kaufe niemals einen Hund, den du dir nicht vorher anschauen konntest. Meist sind die Verkäufer Welpenvermehrer und dubiose Gestalten. Die Rechnung geht auf Kosten der Tiere, welche oft unsagbarem Leid ausgesetzt waren.

Beschäftige dich lange vor der Anschaffung mit dem Thema „Hund“ und suche für dich die geeignete Rasse aus. So findest Du deinen Traumhund, der sich nicht zum Alptraum entwickelt.

Es gibt viele Hilfsmittel, von denen nicht alle ihren Sinn und Zweck erfüllen, aber einige von ihnen schon. Genau die zeigen sich in ihrer Vielfalt und Präsenz und das mit bestem Erfolg. Baue mit diesen Hilfsmitteln mehr Bindung auf und du weißt, nur deine Gesetze und Regeln gelten. Übe somit die Verlässlichkeit und Konsequenz.

Die Stimme

Manchmal unser wichtigstes Organ und ein effektiver Helfer dazu. Außerdem kostet dich deine Stimme im Training keinen Cent. Dennoch muss sie mit deinem Körper schlüssig sein. Säuselst du, aber dein Körper signalisiert Stopp, dann gerät dein Welpe in einen Konflikt. Demzufolge entscheidet er für sich und das auch demonstrativ.

Achte auf folgende Merkmale:

- eine tiefe und harsche Stimme wirkt bedrohlich
- lieblicher klingt eine höhere Stimme, sie ist Musik für die Hundeohren
- die Aufmerksamkeit wird erhöht, desto leiser man spricht
- wer laut brüllt, wird schnell unglaubwürdig

Schlage daher sanfte und nette Töne an und arbeite nicht mit Gebrüll. Wenn du ihn mal tadelst, kann der Ton kurz schärfer sein.

Der Vorteil: Deine Stimme ist für ihn unverwechselbar. Er erkennt sie am Klang, Ton und an der Klangfarbe.
Der Nachteil: Die Emotionen sind in der Stimme für einen Hund spürbar und genau die verunsichern ihn. Bewahre deshalb immer die Kontenance.

Die Körpersprache

Deine Körpersprache sagt mehr aus, als du denkst. So kannst du dich ohne Worte optimal ausdrücken und musst nicht laut werden. Dein Hund versteht deine Mimik und Gestik, so könnt ihr ein gemeinsames Fundament aufbauen.

- wenige und gezielte Bewegungen machen für den Hund Sinn
- entspannte Körperhaltung und Mimik
- einstimmiger Körperausdruck
- dominanter Gang wirkt abweisend und macht Angst
- Körperhaltung unter Kontrolle halten, das wirkt souverän
- daran denken, Hunde können Menschen sehr gut lesen, ihnen entgeht nichts, auch keine Unsicherheiten

Vorteil: Die Körpersprache ist bereits aus der Entfernung für den Hund sehr gut erkennbar. Daher immer klare und deutliche Signale geben und kein wirres Durcheinander vermitteln.
Nachteil: Man muss sich gut in der Körpersprache ausdrücken können, sonst kommt es zu Missverständnissen. Ein wildes Herumfuchteln wirkt eher unproduktiv und der Hund kann den wahren Sinn nicht deuten.

Der Clicker

Ein kleines Knackinstrument, das sehr hilfreich und neutral ist. Es lässt sich mit einem Finger bedienen und ist einfach und schnell griffbereit. Ohne Worte und Gesten kann der Hund darauf trainiert werden. Gerade für Welpen ideal, da sie auf den Clicker von Anfang an reagieren können. Man kann den Hund darauf konditionieren, dass das Klicken Lob bedeutet. Er weiß, dass er alles richtig gemacht hat, und du musst ihn nicht streicheln oder mit Leckerli vollstopfen.

Viele denken, Hunde arbeiten nur nach dem Belohnungssystem. Das ist zum Teil auch richtig, doch schau dir die Hütehunde beim Treiben von Schafen an. Sie werden mit wenigen Hilfestellungen angewiesen und die Hunde arbeiten mit Freude und Begeisterung. Es wurde sicher noch kein Schäfer auf der Welt gesehen, der mit dem Futterbeutel die Hunde verfolgt, um sie zu loben. Somit sind Leckerlis in einigen Bereichen ein guter Start, aber nicht ein ganzes Hundeleben lang. Auch wenn wir es als nicht nett ansehen, Hunde denken nicht wie Menschen, das musst du dir immer vor Augen halten.

Mit einem Finger kannst du mit dem Clicker mehr erreichen, als du denkst. Der Vorteil: ein Hund kann in deiner Körperhaltung wie auch Stimme nichts mehr lesen, denn du benutzt sie ja nicht. Somit ist er voll konzentriert und achtet auf jedes Klicken mit Bedacht. Damit wurden Hunde schon zu Höchstleistungen angespornt. Aber bitte nicht übertreiben und nur klicken, wenn es auch Sinn macht. Der Clicker muss von Mensch wie Hund erstmal verstanden werden und das kann gut eine Woche andauern. Bestätige ein Lob durch das Klicken, so weiß er, dass er alles perfekt und richtig gemacht hat. Der Clicker kostet nicht die Welt und ist ein ideales Hilfsmittel und ein Anreiz für mehr.

Vorteil: Ein neutrales Hilfsmittel zum Loben und um Handlungen aufzuzeigen.
Nachteil: Klicken mehr Menschen auf der Hundewiese, verwirrt es und der Hund kann das Klicken nicht mehr zuordnen.

Clicker-Training

Ohne Worte und durch eine Art „Fremdsprache" versteht der Welpe die Signale nach und nach genau. Dafür braucht es viele Trainingseinheiten und positive Erlebnisse. Biologisch gesehen sinnvoll und ursprünglich für Delfine entwickelt. Ein Verständigungsprinzip, welches immer gleichbleibend und ohne Emotionen abläuft. Es hilft bei Ungehorsam, Problemverhalten wie auch bei der Grunderziehung. Ferner macht es Spaß und es motiviert. Nachfolgend wird dir kurz aufgezeigt, wie ein Clicker-Training funktioniert.

Die Funktion –

Erstmal muss der Welpe auf den Clicker konditioniert werden. Also ein Klick und darauffolgend eine Belohnung. So kann er das Geräusch verbinden und assoziieren.

Schritt 1 -

Kleine hochwertige Leckerchen verwenden. Wenn du klickst und er dich anschaut, dann bekommt er was Feines.

Schritt 2 -
Nun wiederholen, bis er das System so langsam verinnerlicht.

Schritt 3 -
Der Welpe sieht weg, du klickst und er sieht dich an. Genau in diesem Moment gibst du ihm ein Leckerli. Diese sind nur für den Anfang gedacht und werden später durch das Klicken als Belohnung ersetzt. Aber jetzt muss er erstmal eine Verknüpfung hergestellt werden.

Schritt 4 -
Nun kannst du ihn auf bestimmte Sachen konditionieren, denn der Welpe hat den Sinn des Clickers schon mal verstanden.

Der Anfang ist einfach

Fange doch gleich mal mit „Sitz" an. Sagst du dem Hund Sitz und er macht dies, erfolgt als Bestätigung der Klick. Bei „Komm" kann ein Klicken auch schon erfolgen, wenn der Hund zu dir schaut und in deine Richtung geht. Dann weiß er, ich bin auf dem richtigen Weg. Somit kannst du ihn auch auf „Hier", „Bleib" usw. konditionieren. So weiß er, der Clicker ist die Bestätigung, ich bin einfach toll.

Achte beim Üben auf eine reizarme Umgebung, oder trainiere zuhause. Zudem sollte der Welpe nicht gezwungen werden, sondern das Clicker-Training freiwillig absolvieren. Nur so macht es auch wirklich Spaß. Kleine Einheiten am Tag reichen völlig aus und klicke nicht sinnlos herum, das verunsichert nur. Mit dem Klicken möchtest du dich doch vermitteln. Daher sollte die Clickerrate auch recht hoch sein. Machst du eine Übung fünf Mal, so sollte dein Welpe auch drei bis vier Mal einen Erfolg haben und nicht umgekehrt. Das Training soll motivieren und nicht demotivieren.

Aufbau eines Signales

Nehmen wir als Beispiel das Umrunden eines Gegenstandes:

- Stelle einen Gegenstand wie eine Schachtel oder Kübel auf eine freie Fläche.
- Der Welpe sieht den Gegenstand und klick.

- Er bewegt sich darauf zu und klick.
- Der Welpe beginnt um den Gegenstand zu gehen und klick.
- Nun kannst du mit dem Wort „Herum“ arbeiten, führe deine Hand einmal um den Gegenstand herum, wenn nötig mit einem Hundegutti, und wenn es funktioniert, gleich ein Klick hinterher.

Muss man ein Leckerli bei dem Clicker-Training geben?

Anfangs würde es in jedem Fall die Motivation steigern. Später ist das „Klick“ die Belohnung und der Erfolg für eine gute Leistung. Die Leckerlis müssen mit Bedacht eingesetzt werden, da der Hund sonst das Klicken mit Leckerli in Verbindung setzt. Gib ihm doch nach Abschluss einer erfolgreichen Trainingseinheit einen Kauknochen oder Ähnliches.

Das Clicker-Training in 10 Schritten:

- Welche Übung möchte ich machen?
- Die Übung in kleine Schritte unterteilen.
- In einer reizarmen Umgebung beginnen.
- Einzelne Schritte ausarbeiten und definieren.
- Langsam und mit Bedacht vorgehen und nichts übereilen.
- Nur bei zuverlässigem Arbeiten klicken.
- Ablenkungen langsam steigern.
- Wiederholen und einprägen.
- Variables Belohnungssystem einsetzen.
- Nicht zu lange klickern, sonst entsteht eher ein Desinteresse.

Nimm somit für dich das richtige Hilfsmittel und mache deine Entscheidung nicht abhängig davon, was andere toll finden, denn du und dein Welpe müssen es für gutheißen.

Die Pfeife

Sie kann viele Worte ersetzen und es gibt die Pfeife im Ultraschallbereich. Für den Hund hörbar, für den Menschen nicht. Andere Varianten sind auch für den Menschen wie auch das Umfeld hörbar. Dennoch muss der Hund die Bedeutung des Pfeifens erst mal lernen. Einfach am Wegesrand stehen und pfeifen, macht keinen Sinn. Dein Körper ist nun gefragt, die Stimme wird wiederum durch die Pfeife ersetzt. Bei „Komm" die Arme ausladend ausbreiten und pfeifen, dann kommt der kleine Racker auch schon angerauscht. Der Welpe muss immer eine Verbindung zur Pfeife herstellen können. Also pfeife nicht einfach nur so, da blickt er nicht mehr durch.

Vorteil: Du kannst mit dem langen wie auch kurzen Pfeifen einen guten Kontakt zum Hund herstellen. Ebenso aus weiter Entfernung.
Nachteil: Es kann passieren, dass er auch auf andere „Pfeifen" hört.

Die Leckerlis

Keine Frage, sie kommen bei den meisten Hunden gut an, sie animieren geradezu und lösen eine hundliche Begeisterung aus. Die anderen sagen, warum soll ich meinen Hund sinnlos vollstopfen, er macht es auch so. Leckerlis in der Gürteltasche sind für den Fall „Wenn" niemals schlecht. Sie dienen der Ablenkung, beim Folgen und bei Übungen. Dennoch gibt es Besitzer, die ganz darauf verzichten und das von Anfang an. Die gute Mischung macht es, denn zu viele Hundeguttis machen auf Dauer dick. Ist kein leckerer Happen dabei, neigen Hunde zur Widerspenstigkeit und ganz schlaue drehen den Spieß gleich mal um. Hast du nix dabei, haste eben Pech, er übt nämlich nur gegen Naturalien. Ebenso entstehen beim Training falsche Verknüpfungen und der Hund wird unpassend belohnt. Somit eher kontraproduktiv.

Vorteil: Leckerlis erwecken immer Aufmerksamkeit.
Nachteil: Manche Hunde fordern diese zu energisch ein.

Der Futterbeutel

Er dient als Apportierspielzeug wie auch als Leckerbissen. Der Hund lernt, finde ich den Beutel, gibt es Brotzeit. Doch ist der Beutel mal nicht befüllt, minimiert dies auch das Interesse und die Lernlust, somit wird man fast zum Sklaven vom Futterbeutel.

Vorteil: Es entspricht dem Wesen des Hundes. Beute suchen und Beute machen.
Nachteil: Die Motivation fehlt, ist der Futterbeutel mal leer und oder nicht dabei.

Sie dienen als Erziehungshelfer und sind das Mittel in der Not. Man kann die Welpen anleinen und so hat er seinen sicheren Begrenzungsraum. Dennoch greift man direkt auf den Hundekörper ein. Daher immer mit Bedacht vorgehen und nicht sinnlos am Hund ziehen. Es gibt die wahren Leinenzerrer und hier braucht es ein gutes Spezial-Geschirr, das sich nicht punktuell auf den Hund versteift, sondern eben auf dessen ganzen Körper.

Ein Halsband kann auf den Kehlkopf drücken und daher sollte man Vorsicht walten lassen. Wenn du unsicher bist, kaufe gleich ein gutes angepasstes Erziehungsgeschirr, da bist du auf der sicheren Seite. Norwegergeschirre sind optisch schön, aber schränken im Laufen den Hund wiederum ein. Zudem soll das Geschirr auch eher rassetypisch sein, nicht einengen oder viel zu groß und klobig sein.

Vorteil: Bei einem hoffnungslosen Fall ist ein Erziehungsgeschirr perfekt.
Nachteil: Ein Halti, das sogenannte Kopfgeschirr, verunsichert Hunde, sicher nicht auf Dauer zu empfehlen und es könnte dem Hund schaden.

Schleppleine und Leine

Sie ist die unmittelbare Einwirkung auf den Hund und das in jeglicher Form. Somit ist auch eine Leine immer mit Bedacht anzuwenden. Als Erziehungshilfe ist eine Zweimeterleine perfekt. Sie kann in prekären Situationen schnell eingeholt werden, ohne groß aufwickeln zu müssen. Zum Üben sind Schleppleinen auf offenem und übersichtlichem Gelände ideal. Einerseits fühlt sich der Hund frei, andererseits der Mensch sicher, denn er hat seinen Hund gut im Griff. Bei Übungen, die noch nicht stimmig sind, kann sanft eingewirkt werden. Dennoch ist eine Schleppleine ein Hilfsmittel und keine „Allzweckwaffe“. Der Hund sollte sich nicht daran gewöhnen, genauso wie der Mensch auch.

Vorteil: Eine gefahrlose Bewegungsfreiheit ist bei notorischen Jägern gegeben und dient zu Übungszwecken.

Nachteil: Teilweise führen Hunde mit Schleppleine die Menschen an der Nase herum. Der Mensch folgt dem Hund und nicht umgekehrt.

Dummy und Spielzeug

Dummies motivieren schnell und lassen den Hund vor Begeisterung sprühen. Oft genügt ein Spielzeug und der Hund ist hin und weg. So sind Hunde teilweise zu außerordentlichen Leistungen bereit. Ebenfalls kann es auch dem Grundgehorsam dienen und bietet sich zum Apportieren an. Dennoch kann ein Suchtrisiko entstehen, indem der Hund nicht mehr auf den Menschen, sondern nur noch auf sein „Mitgebrachtes" fixiert und konditioniert ist.

Vorteil: Es ersetzt das Leckerli.
Nachteil: Es kann süchtig machen.

Das Targettraining

Ein schlanker Stab mit einem Plastik- oder auch Gummikopf. Somit der verlängerte Arm des Menschen und als Kurzzeithilfe ideal. Perfekt für den Hundesport und zu Lernzwecken geeignet. Stupst der Hund den Targetkopf an, wird er belohnt. Es ist jedoch eher für kleine, wendige als für große und schwere Hunderassen gedacht.

Vorteil: Hunde lassen sich damit gut ablenken und begreifen schnell, was es mit dem Target auf sich hat.
Nachteil: Irgendwann verliert der Target seinen Reiz, wenn nicht ein zeitgleiches Lob passiert.

Wasserpistole, Disc, Klapperdose und Wurfkette

Gleich vorweg, wir weisen den Hund auf etwas hin, wenn wir werfen und bewerfen ihn nicht einfach damit. Die Hilfsmittel sollen Hunde vor unerwünschten Verhaltensweisen bewahren. Liegt ein Brötchen auf dem Boden, in die Richtung werfen und Pfui. Der Hund staunt nicht schlecht und ist erstmal etwas verwirrt. Es ist laut, fliegt auf den Boden, aber ein Ufo ist es nicht. Na, dann gehen wir lieber mal weiter, bevor es unangenehm wird. Der Hund soll lernen, dass seine Untat nicht belohnt und sofort darauf eingewirkt wird. Somit dienen die Helfer als Abbruchsignal, ohne körperlich auf den Hund einzuwirken. Auch ein Wasserstrahl ist ideal. In Verbindung mit Pfui sogar sehr wirkungsvoll. Und keine Panik, er erschrickt nur und bekommt keinen Atemstillstand. Demzufolge sind diese Hilfsmittel hilfreich und zerstören sicher nicht die Bindung zum Menschen. Dennoch sollte auch hier immer mit Bedacht trainiert werden, um den Hund nicht zu verunsichern.

Vorteil: Es kann Leben retten, gerade wenn der Hund etwas vom Weg aufnehmen will, und es zeigt an, ich kann jederzeit auf dich einwirken.
Nachteil: Genau auf das Objekt zielen und nicht auf den Hund. Das kann mal ins Auge gehen. Der Hund soll erschrecken und nicht vor lauter Panik das Weite suchen.

Erstaunlich ist, wie Tiere im Gegensatz zu Menschen in der Lernentwicklung ihre Vielfalt erweisen. Bei unseren Hunden läuft vieles im Zeitraffer ab. Gestern noch Welpe, morgen Junghund, der sogleich zu einem erwachsenen Hund heranwächst.

Die Jahre sind wie immer gezählt, denn mit bereits sieben Jahren ist ein Hund je nach Rasse schon wieder alt. Den Anfang macht dabei die turbulente Welpenzeit. Ein Highlight mit Hindernissen, eine Zeit, die in Erinnerung bleibt und aufregend ist dazu. Die Lernfähigkeit und Neugier sind gerade am Anfang phänomenal. Wäre da nicht das äußerst putzige Aussehen, das im Wege steht. Der Welpe wäre bereit zu lernen, nur der Besitzer nicht. Manche Hundebesitzer finden es gar schlimm, auf den kleinen Welpen einzuwirken. Lernen kann er ja immer noch. Eben nicht, denn vom ersten Tag des Einzugs fängt auch das Lernen an. Schritt für Schritt und mit sehr viel Geduld.

Wissbegierig und voller Tatendrang werden die Vorstellungen des Welpen in die Tat umgesetzt. Die vom Besitzer leider nicht. Viele von uns reagieren erstmal, ohne gleich zu walten. Bedenke, dass ein Welpe nur lernen kann, wenn man ihm etwas beibringt. Bringt er deine Lieblingssocken um, so hat er instinktiv gehandelt, mehr nicht. Du siehst es hingegen als blanke Zerstörungswut an. Fördern und fordern und nicht ständig belohnen und bestrafen, das wäre gleich von Anfang an der richtige Weg. Nutze die Lernfähigkeit des Welpen, bevor sich dieser seine eigenen Gedanken macht, und gehe wie immer charakterbezogen auf den Welpen ein.

Ab der achten Woche sind die Grundtendenzen sehr gut erkennbar. Das äußert sich im mutigen, vorsichtigen oder auch ängstlichen Verhalten. Angst solltest du aber nie unterstützen, den Mut dagegen schon. Ein Welpe verfügt lediglich über zehn Prozent seines eigentlichen Gehirns bei der Geburt, daher ist ein Welpe stark unterentwickelt. Der Rest der Entwicklung baut sich in den nächsten drei Monaten auf, wobei gerade im

Gehirn viel passiert. Danach ist die große Entwicklung abgeschlossen und für das spätere Verhalten in die Bahnen gelenkt. So kann man die Lernfähigkeit von einem drei bis vier Monate alten Welpen mit der von einem sieben bis zehn Jahre alten Kindes vergleichen.

Bei Welpen ist die Grundentwicklung nun abgeschlossen, beim Kind noch lange nicht. Was nicht heißt, dass die Welpen nicht mehr dazulernen. Denn nun beginnt die Reifungsphase. Und in dieser vernetzen sich die einzelnen Synapsen. Das wiederum bedeutet, dass es jetzt zu der eigentlichen Lernphase übergehen kann. Aber auch schon beim Züchter und der Hundemama kann die Anfangsphase zu Lernzwecken genutzt werden. Denn der Welpe nimmt in dieser Zeit Gerüche, Geräusche, Eindrücke und seine Umgebung wahr.

Daraus lernt er und sammelt so seine Erfahrungen. Die guten wie auch die schlechten. Vieles nehmen sie sicher noch unbewusst wahr und im Rudel fühlen sie sich stark. Der Züchter kann aber so einiges in die Hand nehmen und die Weichen für später stellen. Ob Autofahren, Halsband, Leine, Stubenreinheit und auch kleine Menschenmengen stehen als Aufgaben bereit. Dennoch soll der kleine Welpe nicht überfordert und übermäßig beeindruckt werden. Er muss an alles in dieser Zeit gewöhnt werden.

Für Welpen ist jeder Ort ein Abenteuerspielplatz. Da wo sie sind, tobt das Leben und da sind der Spaß und Aktion zuhause. Auch wenn Welpen viel entdecken sollen, brauchen sie ebenso viel Zeit für sich. Zieht der Welpe ein, kann sogleich eine Welpenschule sehr hilfreich sein. Das fördert die Lernfähigkeit wie auch das Sozialverhalten. So besagen einige Studien, dass sich die Docosahexaen, die Omega-3-Fettsäuren optimal auf die Lernfähigkeit auswirken. So sollte gleich von Anfang ein gewisser Anteil an Fischöl im Futter zu finden sein.

Beginne nicht mit einer Reizüberflutung, wenn dein Welpe bei dir einzieht. Lass ihn den Anfang bei der Hausbesichtigung machen und ziehe ihn nicht einfach so herum. Denn eines steht mit Gewissheit fest, ein Welpe benötigt viel Ruhe. Neues ist wichtig, aber nicht alles auf einmal. Das überfordert ihn nur und das kann Spuren im Haus hinterlassen. Denn bei einer Überforderung vergessen die Welpen die Stubenreinheit schnell.

Auf jeden frisch gebackenen Welpenbesitzer kommen eine große Verantwortung und auch Herausforderung zu. So auch auf dich. Nutze die Lernfähigkeit und Neugier deines neuen Familienmitglieds. Denn diese Eigenschaften prägen sein späteres Leben. Hunde können übrigens nur situationsbedingt handeln und somit eine Verknüpfung herstellen. Situationsbedingte Zusammenhänge können sie demzufolge nicht bilden. So musst auch du umdenken und dich in dein Hundekind gut reindenken. Er kann es umgekehrt nicht. Beziehe somit deinen Welpen ganz selbstverständlich in dein Leben mit ein. Immerhin ist er ein Teil davon.

Beachte bei all seiner Lernfähigkeit die Hundebegegnungen. Gehe somit dominanten und aggressiven Hunden aus dem Weg, wenn du mit dem kleinen Welpen Gassi gehst. Denn der Spaziergang soll nicht zum Spießrutenlauf werden und auch sollte kein Mobbing stattfinden. Das wäre dem Kleinen nicht gerecht. Und man kann es nicht häufig genug wiederholen. Einen Welpenschutz gibt es nicht, nur innerhalb des Rudels, sonst nirgendwo. Als gefährlich hat sich auch der Satz „Das machen die Hunde schon unter sich aus“ erwiesen. Denn in diesem Stadium zieht dein Welpe immer den Kürzeren. Du bist der Rudelführer und du entscheidest und wägst ab und nicht andere. Merke dir das für ein ganzes Hundeleben lang.

Viele Menschen überlegen beim Kauf eines Staubsaugers mehr als bei der Anschaffung eines Hundes. Doch es gibt im Vorfeld genug zu beachten.

Darf ich einen Hund halten?

Das sollte zumindest die Grundvoraussetzung sein, denn ohne eine Haltegenehmigung, das Einverständnis des Vermieters, geht nichts. Demzufolge den Mietvertrag studieren, sich erkundigen und, wenn erforderlich, schriftlich fixieren. Auch sollten die Gegebenheiten für den Hund passen. Grünanlagen, Freilaufflächen und keine kleine Wohnung für einen großen Hund.

Kann ich mich die nächsten 15 Jahre um meinen Vierbeiner kümmern?

Nun sitzen wir nicht alle vor der Glaskugel und können in die Zukunft sehen. Dennoch sind heute die Gegebenheiten nicht da, wie soll es dann mal später sein? Habe ich Familie, wenn mal was ist? Kann ich alle Kosten stemmen und bin ich bereit, einen Teil meiner Freizeit zu opfern? Hunde kosten Zeit, Geld und manches Mal auch Nerven. Wenn ich alleinstehend bin, wer kümmert sich im Krankheitsfall und kann ich ihm insgesamt ein hundegerechtes Leben bieten?

Bin ich fit genug, einem Hund gerecht zu werden?

Je nach Rasse brauchen Hunde zwischen zwei und vier Stunden Auslauf. Wandern, Spazierengehen, Hundesport, Schwimmen, all das steht auf dem Programm und das fast sein ganzes Leben lang. Es gibt Hunde, die joggen gerne, laufen am Rad und sind gerne in der freien Natur. Auch bei Wind und Wetter, das muss man im Vorfeld wissen.

Habe ich auch die nötige Zeit?

Zeit ist heute Geld und für den Hund die Freizeit schlechthin. Hunde sollten nie länger als vier bis fünf Stunden alleine sein. Vielleicht kann er mit ins Büro. Aber wohin in den Urlaubsreisen? Wer nicht fliegt, kann seinen Hund in hundefreundliche Ferienhäuser mitnehmen. Die Toskana, Dänemark oder Kroatien wie auch Österreich und Schweiz bieten sich an. Flugreisen, ob klein oder groß, sollte man jedem Hund ersparen. Auch wer arbeitet, muss umdenken, denn die Couch rückt noch in weite Ferne nach einem anstrengenden Arbeitstag. Jetzt ist erst einmal Gassi angesagt. Hunde müssen auch mal nachts raus, bei Regen und Schnee und nicht nur bei Sonnenschein.

Urlaub und Hund?

Wie schön, es gibt Urlaubsparadiese, in denen Hunde willkommen sind. Ferienhäuser und Wohnungen eigenen sich perfekt dazu. Hotels und Pensionen eher nicht. Muss das Familienmitglied dennoch zuhause bleiben, sollte man weit vorher planen. Wer hat Zeit und wo habe ich auch ein sicheres und gutes Gefühl? Eltern, Freunde, Verwandte, Bekannte oder ein Tiersitter? Einfach mal ausprobieren, der Hund muss sich ja letztlich auch wohlfühlen.

Wer kümmert sich generell, wenn etwas ist?

Wie schnell wird man krank, muss länger arbeiten oder geht auf Geschäftsreise oder gar ins Krankenhaus. Oftmals springen liebe und nette Nachbarn ein. Dies kann zur Dauerlösung werden, oder man bezieht gute Tierpensionen mit ein. Eine Schnupperstunde ist gewährt und wenn es passt, warum nicht. Doch diese Unterbringung ist nicht aus reiner Tierliebe heraus bezahlt, sie kostet richtig Geld. Also vor der Anschaffung Gedanken darüber machen.

Kann ich einen Hund sein Leben lang halten?

Sicher gehen wir immer vom „Ist-Zustand“ aus und jetzt ist es nun mal so. Niemand weiß, ob man sich trennt, man die Miete weiterzahlen kann, oder morgen schon arbeitslos ist. Ist genügend Geld auf der hohen Kante? Aus genau diesen Gründen werden Hunde wieder abgegeben und landen dann im Tierheim. Auch wenn eine Familienplanung ansteht und der Hund einem lästig wird, oder er einfach nicht kinderfreundlich ist. Natürlich geht die Sicherheit eines Kindes vor, nur all das muss man sich vorher überlegen.

Hinterher ist es leider für den armen Hund zu spät, die Konsequenzen trägt er ganz alleine.

Wie sieht es mit Allergien aus?

Eine Tierhaarallergie ist eigentlich keine Tierhaarallergie. Im Prinzip löst der Speichel diesen Prozess aus. Hunde wie auch Katzen reinigen sich durch Lecken. Im Speichel sind bestimmte Stoffe enthalten, die bei einigen Menschen Allergien auslösen. Die Haare spielen dabei keine Rolle. Kläre dies mit all deinen Familienmitgliedern im Vorfeld. Sonst musst du dich schweren Herzens wieder von ihm trennen.

Habe ich das Know-how für einen Hund?

Du musst weder Manager noch Personalchef sein, du brauchst nur Führungsqualitäten. Bin ich bereit zu üben, mit ihm zu lernen und auf den Hundeplatz oder in die Welpenschule zu gehen? Halte ich meine Wochenenden für seine Bedürfnisse und Anforderungen frei? Kann ich ihm eine gute Erziehung und ein schönes Hundeleben bieten? Denk einfach mal darüber nach. Bin ich bereit, einen großen Teil meiner Freizeit zu opfern, und will ich mit ihm alt werden? Nehme ich professionelle Hilfe in Anspruch, wenn ich mit meinem Latein am Ende bin und kann und will ich mir das leisten?

Bin ich finanziell bereit dazu?

Hunde kosten Geld:

- Haftpflichtversicherung
- Hundesteuer
- Futter
- Leckerli
- Spielsachen
- Hundezubehör (Decke, Näpfe, Leinen, Halsband, Geschirr)
- Pflegeprodukte (Kamm, Schermaschine, Hundefriseur usw.)
- Laufende Tierarztkosten
- OP-Kosten

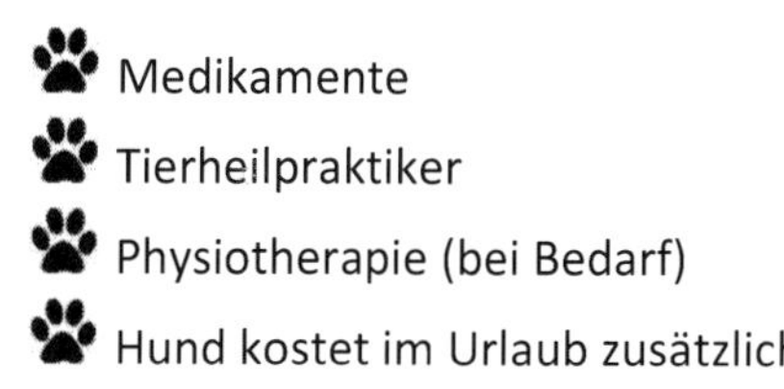

- Medikamente
- Tierheilpraktiker
- Physiotherapie (bei Bedarf)
- Hund kostet im Urlaub zusätzlich

Sofern ein Welpe ins Haus kommt, lege dir eine OP-Versicherung zu. Die ist wirklich Gold wert, und schaffe dir eine Hundekrankenversicherung an. Etliche Schlachthöfe bieten gutes und günstiges Fleisch an. Somit sparst du hier schon mal ein. Ein Hund kann gut und gerne 200 € im Monat kosten. Das ist somit die nächsten Jahre ein fester Ausgabenpunkt.

Passt mein Leben zu ihm?

Wie sieht dein Alltag aus? Arbeit, Freizeit, Freunde, Urlaub? Schnell sagt man, ach, da integriere ich ihn mit ein oder mache Abstriche. Machst du es auch wirklich und engst dich dann nicht selbst mit ein? Nimmst du diese Einschränkungen gut und gerne 15 Jahre in Kauf? Verzichtest du auf Golf und Tennis und die Stammtischreisen? Die Überstunden und das damit verbundene Geld? Stell dir vorher die Fragen und nicht erst, wenn dich treue Hundeaugen fragend anblicken.

Dein Welpe hat nur dich und ist dir somit auf Gedeih und Verderb ausgeliefert. Er möchte Teil deines Lebens sein und nicht ein ungeliebtes Spielzeug auf Zeit. Hunde schränken in gewisser Weise ein und legen uns doch ihre Welt zu Füßen. Somit bist du der Mensch und hast das Hirn, dir Gedanken zu machen. Und du suchst ihn aus und nicht er dich. Siehst du diese Zeilen jetzt schon als Einschränkung an, dann sei so ehrlich und lass es auch bleiben.

Hunde machen Dreck

Schlamm, Regen, Sturm und der Welpe fühlt sich in seiner Rolle als kleiner „Schweinehund“ sichtlich wohl. Das Fell wird dunkler, die Pfoten schön mit Erde einbalsamiert und nun geht's ab nach Hause. Am Eingang schütteln und die erdigen Pfotenabdrücke auf weißen Fliesen haben doch was. Der Kombi kann schon ein Lied davon singen.

Sicher, es gibt Hundeboxen für die Fahrt, ein Shampoo für schmutziges Fell und ein paar Handtücher, um wieder sauber aus der Wäsche zu schauen. Im Klartext, du brauchst bei der Reinigung der Räume mehr Zeit und für das Saubermachen des Hundes auch. Also denk darüber nach, es ist nicht immer nur Friede, Freude und Eierkuchen und der Sonnenschein bleibt oft aus. Ebenso verfangen sich auch bei trockenem Wetter Schmutzpartikel, Blätter und Dreck. Bis du dafür wirklich bereit? Auch dein Kleidungsstil wird durch Jeans, Gummistiefel und praktische Hundeklamotten ersetzt. Übrigens sabbern Hunde beim Fressen wie auch beim Trinken. Du wirst es an den Spuren in deinen Wohnräumen sehen. All das macht einen Hund und seine tierischen Eigenschaften aus.

Hunde sind ein Fulltime-Job

Hunde sind keine Wegwerfartikel! Sieh nicht nur den niedlichen kleinen Welpen, sondern das, was dahintersteht. Du musst mit ihm lernen, ihn erziehen und ihn bis zu seinem letzten Atemzug begleiten. Noch läuft er vorne weg, im Alter läuft er nicht mehr voraus. Jeder Lebensabschnitt wird dich vor neue Herausforderungen stellen und dich am Ende seines Lebens in Tränen auflösen.

Kannst du dich zeitlich immer so einteilen, dass es für ihn passt? Sicher, Hunde schlafen auch viel und sind nicht 24 Stunden am Stück wach. Dennoch möchten sie an deinem Leben teilhaben. Sind Freunde da, legt er sich gerne unter den Tisch. Sitzt du gerne im Café, tut er es auch. Du bist dann nicht mehr alleine und kannst durch einen Hund auch keine Hau-Ruck-Entscheidungen mehr treffen. Passt der Fulltime-Job für dich, dann ist ein Hund bei dir herzlich willkommen.

Ist mein Umfeld bereit für einen Hund?

Manches Mal kann man sein Vorhaben nicht alleine entscheiden. Familie, Ehemann oder Ehefrau, der Mietvertrag, eventuell auch die Nachbarn und Freunde sind auch davon betroffen. Es sollte in gewisser Hinsicht das Gesamtkonzept stimmen. Will nur einer in der Familie einen Hund, kommt es auch schnell mal zu Reibereien und der Leidtragende ist immer der Vierbeiner.

Bin ich einfühlsam, liebevoll und vor allem geduldig und stark genug?

Die eigenständigen Lebewesen haben auch ihren eigenen Kopf. Auch ein gut erzogener Hund läuft mal über die Straße, wühlt im Müll und geht einem so richtig schön auf die Nerven. Zudem kann er auch einmal beratungsresistent wirken. Hast du die Nerven dafür, cool zu bleiben und dich dennoch gut durchzusetzen?

Kann ich meinen Hund in guten wie in schlechten Zeiten begleiten?

Hunde spüren schnell, wenn es uns nicht gut geht. Sie wirken ebenfalls traurig und unglücklich. Leider werden auch Hunde wie wir Menschen krank und auch sie müssen einmal sterben. Das Regenbogenland wartet dann auf sie. Im Klartext, kannst du ihn bedingungslos lieben und auch loslassen, wenn es soweit ist? Diese Frage stellt man sich beim Welpenkauf natürlich nicht und dennoch steht sie im Raum. Somit bist du verpflichtet, all diese Wege mit ihm zu gehen. Mach dir das schon beim Kauf klar.

Nicht alles läuft glatt wie am Schnürchen und das muss es auch nicht. Zieht ein Welpe ins Haus, ist es eine Art Kennenlernphase und das Austesten von sich selbst und dem neuen Rudel. Hier ein paar Beispiele, was ein Welpe braucht, was passieren kann, aber auch welche Bedürfnisse der Welpe hat. Denn es steht nicht nur Spiel und Spaß auf dem Programm.

Rechne mit Unfällen

Die Rede ist nicht von einem Verkehrsunfall, es geht um die kleinen Unfälle im trauten Heim. Handle nur, wenn du ihn in flagranti erwischt und auch dann nur mit einem strengen Pfui, Nein oder Aus. Ansonsten läuft das Malheur unter selbstverschuldeter Elendsfall. Aufwischen und die Nerven bewahren.

Schlafzeiten einhalten?

Ein wichtiges Thema, das gerade die Welpen betrifft. Nun lebt er in einem Menschenrudel, das sich seinen Ruhephasen nicht anpassen kann. In Spanien und Italien haben verwilderte Haushunde einen gesunden Ruhe-Rhythmus. Das Ruhebedürfnis ist angeboren, das Beharren darauf leider nicht mehr. Unsere Haushunde wurden abgerichtet, um jederzeit einsatzbereit zu sein.

So bleibt auch die Ruhe über kurz oder lang auf der Strecke. Gerade Gebrauchshunde können davon ein Lied singen. Dennoch sind Ruhe und Schlaf lebenswichtig. So werden die Geschehnisse des Tages verarbeitet und Kraft und Energie getankt. Schlafzeiten sind insofern dem Tag-Nacht-Rhythmus angepasst. Aber ein Welpe muss nicht um Punkt 14.00 Uhr sein Nickerchen halten. Wenn er möchte, schon, denn Hunde mit Schlafentzug wirken schnell überdreht, nervös und reizbar. Sie können im weiteren Verlauf auch fahrig, grobmotorisch und unkonzentriert wirken. Aber auch aggressiv und kränklich sein und zudem chronisch erkranken. Welpen benötigen wie die Senioren auch bis zu 22 Stunden Schlaf am Tag. Demnach ist der Schlaf das oberste Gebot.

Zu wenig Schlaf macht einen Hund infolgedessen krank und schwächt auf Dauer sein Immunsystem. Das kann sich auch in Hautkrankheiten und einer schlechten Fellqualität äußern. Wie man sieht, sollte ein Hund egal welchen Alters immer zur Ruhe kommen. Ist der Hund bei Schlafentzug wiederum aggressiv, wird es sogleich auf ein schlechtes Benehmen zurückgeführt. Dennoch ist es ein sehr deutliches Zeichen, dass der Hund überfordert ist. Hier heißt es jetzt auch für den Hundebesitzer, Finger weg vom eigenen Hund, denn das kann zu körperlichen Schäden führen. Genau in solchen Momenten kann es passieren, dass Hunde zuschnappen, und das ohne Vorwarnung. Welpen leben nach bestimmten Ritualen und Instinkten. Diese sagen ihnen, sie benötigen ausreichend Schlaf. Im Schlaf treten auch die Erholungsphasen ein und manchmal sieht es so aus, als würden sie nicht schlafen. Wie beim Menschen auch kann Schlafentzug letztendlich zu Organversagen, Allergien und Krebs führen. Daher benötigt der Welpe von Anfang an einen ruhigen und zugfreien wie auch kuscheligen Schlafplatz, an dem ihn keiner stört. Bedenke auch, dass gerade den Gebrauchshunden das Ruhebedürfnis buchstäblich abtrainiert wurde. Das wurde bereits erwähnt und so musst du für die nötige Ruhe sorgen. Es kann durchaus sein, dass du dich am Anfang mit dazulegst. Ein Stück weit Geborgenheit für den Welpen, das ihm Halt und Sicherheit gibt. Sein zugedachter Platz ist sein Reich und sollte stets ungestört sein. Und es gibt einen sehr wahren Spruch dazu. „Schlafende Hunde sollte man nicht wecken." Das kann schnell mal ins Auge gehen und der Hund beißt in letzter Konsequenz zu.

Gewohnheit ist die halbe Miete

Menschen und Hunde sind Gewohnheitstiere. Hat sich der Welpe erstmal eingelebt, so nimmt er die Gewohnheiten an. Das kann das frühe Aufstehen sein, pünktliche wie auch unpünktliche Essenszeiten oder auch die lange Autofahrt. Hunde sind sehr anpassungsfähig und haben eine innere Uhr. So formst du deinen Welpen und er wird zum Gewohnheitstier, wie du auch.

Spielen

Spielen ist nicht nur ein Zeitvertreib, es stellt auch eine gewisse Belohnung dar. Du musst deinen Welpen nicht ausschließlich nur mit Leckerlis vollstopfen, denn das wird bald zu Gewichtsproblemen führen. Trainiere ihn auf ein Spielzeug, das kann ein Ball, Quietschi oder ein Dummy sein. Genau dieses bekommt er nur zu bestimmten Anlässen und Zeiten und dient als Belohnung.

Wie lange Gassi?

Nimm dir die Faustregel zu Herzen und gehe pro Lebensmonat zehn Minuten am Stück. Das hört sich sehr wenig an, aber das hat auch seinen Grund. Wir sprechen hier aber von einem Hundekind, das noch voll und ganz in der körperlichen Entwicklung steckt. Nun kommt sicher, damit ist er doch nie und nimmer ausgelastet. Es geht nicht um den Aufbau eines Konditionstrainings, sondern um kurze Spaziergänge, denn eine Überbelastung ist Gift für die noch wachsenden Knochen und Gelenke. Somit wird ihm viel abverlangt, denn er wird egal, wie weit du gehst, immer versuchen Schritt zu halten. Gassigehen ist bei Hunden das Nonplusultra. Welpen erkunden die Welt und es geht ihnen nicht darum, ihr Geschäft zu machen, und sie müssen auch nicht ausgelastet sein. Dann erzieht man sich sehr schnell einen sehr ausdauernden Hund. Nimm die Faustregel zur Hand und gehe mit einem zehn Wochen alten Welpen auch nur jeweils zehn Minuten lang. Er wird nicht auf die Uhr schauen, denn er weiß auch nicht, wie lange er schon unterwegs war. Hab bloß kein schlechtes Gewissen, Welpen müssen am Tag noch oft genug raus.

Muss man an unterschiedlichen Orten Gassi gehen?

Mal anders gefragt, du magst sicher auch nicht jeden Tag dieselben Orte sehen, oder? Auch er möchte Abwechslung und neue Erfahrungen sammeln. Den Weg vor dem Haus kennt er ja nun schon. Fahre ein Stück mit dem Auto und präsentiere ihm eine neue Welt, er wird begeistert sein. Wie immer, ohne Leine darf er laufen, wenn keine Gefahrenquellen wie Straßen, Lärm oder andere Hunde, die ihm gefährlich werden könnten, in der Umgebung sind. Führe ihn an der Schleppleine, das bietet ihm mehr Sicherheit und trotzdem Bewegungsfreiheit. Bedenke immer, es ist ein Hundekind und voll und ganz auf dich angewiesen. Für alles, was er macht, trägst du die volle Verantwortung. Schaffe dir daher sofort eine Hundehaftpflichtversicherung an.

Es ist ungemein wichtig, nicht nur das Verhalten des Vierbeiners im Auge zu behalten, sondern auch seinen Gesundheitszustand. Auch die kleinen Welpen sind nicht vor Krankheiten gefeit, deswegen hier ein paar gängige Krankheitsbilder.

Giardien und Spulwürmer sind keine Seltenheit

Die Giardiose ist die zweithäufigste durch Parasiten hervorgerufene Darmerkrankung bei Hunden. Bereits 70 Prozent aller Welpen wie auch Junghunde sind von Giardien befallen. Es handelt sich dabei um Einzeller, die sich explosionsartig vermehren. So können sie in feuchter und kühler Umgebung monatelang überleben. Die Welpen aus Zuchten mit Zwingerhaltung, und wir reden hier von Ostimporten, sind daher besonders gefährdet. Giardien sind fies und gemein und verursachen heftige Darmentzündungen mit monatelang anhaltendem Durchfall. Für einen Welpen kann das unbehandelt das Todesurteil sein. Der faulig riechende Durchfall kann wässrig-schleimig sein und auch schon mit Blutbeimengungen oder hellpastös infolge der Fettausscheidung in Erscheinung treten.

Durch die schlechte Nahrungsverwertung werden die Tiere fast schon apathisch. Sie magern ab, wachsen wenig und bleiben unterentwickelt. Zudem ist das Fell glanzlos und struppig. Hier muss sehr schnell gehandelt werden und der Gang zum Tierarzt ist unabdingbar. Die Diagnose erfolgt durch einen Nachweis von Parasitenstadien im Kot. Dem nicht genug, es müssen mehrere Kotproben abgegeben werden, da nicht bei jedem Kotabsatz Parasiten ausgeschieden werden.

Erst drei oder mehr negative Befunde schließen dann einen Giardienbefall aus. Kinder sind hier besonders gefährdet, da sie sich durch die Kontaktaufnahme zum Welpen leicht anstecken. Die Welpen werden von schweren Durchfällen und Erbrechen geplagt. In Extremfällen können die Welpen daran sterben. Schon beim Züchter müssen die Welpen bereits mehrmals entwurmt werden. Ab dem Wechsel zum neuen Besitzer bis zum Ende des ersten Lebensjahres noch mindestens dreimal. Das hört sich sicher viel an, doch es ist zum Wohle des Welpen. Der Tierarzt steht mit Rat und Tat zur Seite.

Lebensgefährliches Parvovirus

Bei illegalen Importen steht der lebensgefährliche Parvovirus hoch im Kurs. Die Zeit von der Ansteckung bis zum Ausbruch der Krankheit beträgt dabei drei bis sieben Tage. Ein scheinbar gesunder Welpe wird gekauft und die Krankheit bricht erst im neuen Zuhause aus. Aber auch seriöse Züchter sind nicht davor gefeit. Wenn die Grundimmunisierung durch Impfungen noch nicht abgeschlossen ist und der Stress, die Umstellung und Empfänglichkeit für Viren erhöht wird. Daher finden sich die meisten Parvovirosefälle im Alter von acht bis zwölf Wochen.

Die Erkrankung verläuft rasant und heftig und der Welpe neigt zu massivem Durchfall. Das lässt die Welpen schnell austrocknen. So ein Zustand ist immer als sehr kritisch anzusehen, denn der Welpe kann keine großen Reserven vorweisen. Dabei empfehlen sich Elektrolyte in der Heimanwendung, die ins Maul geflößt werden, um alle Nährstoffe bereitzuhalten. Ebenso ist die rasche Hilfe des Tierarztes nötig, manchmal geht es um Leben und Tod. Lebensrettend sind eine künstliche Ernährung über zehn Tage sowie Blut- und Eiweißtransfusionen. Trotzdem liegt die Sterblichkeitsrate noch immer bei zehn Prozent.

Staupe, ansteckende Leberentzündung und Leptospirose

Früher galt sie als die typische Junghunderkrankung und zum Glück ist sie nur noch selten anzutreffen. Nach einer überstandenen Staupe bleiben die betroffenen Hunde sehr empfindlich. Sie kränkeln schnell, da ihr Immunsystem durch die Staupe lebenslang geschädigt ist.

Beschwerden immer ernst nehmen

Hunde simulieren nicht, daher sind Beschwerden immer ernst zu nehmen, gerade wenn man noch keine Erfahrung mit Vierbeinern hat. Lieber einmal zu viel als zu wenig beim Tierarzt vorstellig werden. Es kann lebensrettend sein, denn die kleinen Welpen kommen schnell an ihre körperlichen Reserven.

Was macht einen gesunden Welpen aus?

Seriöse Züchter geben einen Welpen nicht vor der 10. Woche ab, eher noch später. Ein gesunder Welpe ist lebhaft, neugierig und aufgeweckt und hat klare Augen und ein flauschiges oder seidiges Fell. Die Nase ist trocken, sauber und es ist auch kein Ausfluss zu sehen. Beim Abgabetermin ist der Welpe geimpft, entwurmt und gechipt und der Züchter überreicht dem Käufer den internationalen Heimtierausweis. Achte auch auf den Bauch des Welpen, dieser sollte keinesfalls aufgebläht sein, denn das kann auf Würmer hindeuten. Die normale **Temperatur** bei Hunden wie auch bei Welpen liegt bei ca. 37,5 bis 39 Grad Celsius. Ab 40 Grad Celsius wird von Fieber gesprochen und ab 42 Grad Celsius besteht akute Lebensgefahr.

Das richtige Gewicht

In Bezug auf das Alter und Gewicht sind die Wachstumskurven von Bedeutung. Daher beginnt die richtige Ernährung bereits im Welpenalter. Bis zum anschließenden Erwachsenenalter durchlaufen die kleinen Hundewelpen je nach Rasse und Standard die verschiedenen Wachstumsmuster. Die tägliche Gewichtszunahme wird im Laufe der Zeit immer größer. So kann man pauschal keine Angaben zum Gewicht eines Welpen geben. Dabei gilt: Kleinere Rassen haben eine geringere Wachstumsgeschwindigkeit als mittlere bis größere und große Rassen.

Hier können Züchter mit Tabellen und Vorgaben helfen, wie der Tierarzt auch. Anhand der Werte der sogenannten „Wachstumskurve“ kann man ablesen, ob der Welpe seinem „Standard“ entspricht. Am einfachsten ist es an den Rippen festzustellen, sind diese links und rechts beim Abtasten fühlbar, ist alles im grünen Bereich. Daher ist eine monatliche Gewichtskontrolle beim Tierarzt wünschenswert. So können schnell und einfach Unregelmäßigkeiten festgestellt werden. Ebenso wird die gesundheitliche Entwicklung des Welpen gut im Auge behalten.

Nun ist es ja so, dass nicht nur unsere Kinder in den Kindergarten gehen, sondern auch die Hunde in die Welpenspielstunde. So beginnt für beide ein guter Start ins Leben, denn auf dieses muss man vorbereitet werden und lernt auch die ersten Lektionen. Viele Hundeschulen bieten beide Varianten an, die Welpenspielstunde wie auch die Welpenprägestunde. So finden sich seinesgleichen und nicht nur das. Sie lernen sich zu verstehen und auch mal kleine Streitigkeiten beizulegen. Das Sozialverhalten wird gefördert und der Welpe etwas gefordert.

Die Welpenspielstunde

Hier kann man nicht nur Kraft und Größe zeigen, hier lernt man sich auch einzuschätzen. Der Welpe bewegt sich auf neuem Terrain und muss sich erstmal in der Welpenspielstunde beweisen. Was nicht heißt, dass er es hier gleich mal krachen lässt. Auch die Unterordnung steht auf dem Lehrplan. So lernen die Welpen die Hundesprache und auch den Umgang miteinander. Das bedeutet auch jede Menge Spaß und Neues lernen und vielleicht auch Freunde fürs Leben finden. Hier geht es auch um die Verteidigung, sich ergeben und einen Angriff starten. Aber auch toben, rennen und spielen kommen in der Welpenstunde nicht zu kurz.

Die Welpenprägestunde

Hier wird den Hundekindern die Angst vor dem Alltäglichen genommen, auf rein spielerische Art. Andere Menschen und Orte, Lärm und technische Geräte werden inspiziert und entdeckt. Einiges macht Angst, anderes wiederum neugierig, gemeinsame Erlebnisse sind inklusive. Bleibe in jeder Situation souverän, dann wird es auch dein Hund sein. Er orientiert sich an dir und als Team habt dann eure erste Welpenprägestunde geschafft. Darauf könnt ihr sehr stolz sein.

Nur unter der Aufsicht von erfahrenen Hundetrainern

Nimm nur daran teil, wenn beide Angebote von einem erfahrenen Hundetrainer geführt und geleitet werden. Hier sollten die Welpen von

Anfang an ihr Sozialverhalten lernen und es weiterentwickeln. Es stellt sich schnell heraus, wer schüchtern ist und wer nicht. Eines gibt es gratis dazu, die Welpen sind überglücklich und hundemüde von dem anstrengenden Tag. Was kann es für einen Welpenbesitzer Schöneres geben?

Wann ist eine Welpenerziehung zu viel?

Schon nach der Geburt beginnen die ersten Erziehungsmaßnahmen durch die Hundemutter. Für den Besitzer ist es wichtig, die besten Lernphasen auszunutzen, und dazwischen gibt der Züchter auch noch sein Bestes.

Das Wichtige fürs Leben, wie stubenrein zu sein, die Grundkommandos zu kennen und sich ordentlich zu benehmen. Ein strammes Programm, wenn man bedenkt, dass der Welpe auf noch recht wackeligen Beinen steht. So durchlaufen die Welpen aufregende Entwicklungsphasen. Doch wie viel darf man von einem Welpen erwarten, oder erwarten wir von Anfang an zu viel? Im Wolfsrudel haben Welpen ein geordnetes und untergeordnetes Leben und erhalten dafür Schutz, Fürsorge, Geborgenheit und Futter. Kein Wolfswelpe muss Sitz und Platz können, er wird aber im Laufe seines Lebens auf die Jagd vorbereitet. Er muss nicht artig sein und ist dem Menschen nicht auf Gedeih und Verderb ausgesetzt.

Welpen haben im Allgemeinen eine sehr begrenzte Aufmerksamkeit, wie Menschenkinder auch. Was darüber hinausgeht, ist einfach zu viel des Guten. So entwickelt der Welpe Frust statt Lust. Nimmst du dir für den Welpenalltag viel vor, so kann das schnell mal in die Hose gehen. Denn der Welpe schläft über seinem Erlernten buchstäblich ein. Würde man dich zu etwas zwingen, führt das meist zu Ablehnung, gelernt hast du daraus aber nichts. Der Welpe versucht zu begreifen, doch irgendwann entsteht ein Defizit und er bekommt statt dem erhofften Lob nur noch Kritik. Das hat nichts mit einer fürsorglichen Welpenerziehung zu tun. Schritt für Schritt zum Hundeglück und Etappensiege feiern. Dann kommt ihr beide als Team ans Ziel und der Welpe bleibt nicht auf der Strecke.

Großes beginnt im Kleinen

Ist der Welpe gerade erst eingezogen, beginnen die Trainingseinheiten mit einer Minute. Das hört sich so wenig an und kann für den Welpen schon ganz viel sein. Du musst es mit anderen Maßstäben sehen.

Warnzeichen, die der Welpe signalisiert:

- ständiges Gähnen wegen Aufregung und Erschöpfung
- leichte Ablenkbarkeit
- Müdigkeit
- langsames und verzögertes Reagieren
- Reaktion auf alles, was sich im Umfeld bemerkbar macht

Auch wirst du eine Überforderung an seiner Körperhaltung feststellen. Welpen ziehen sich zurück, legen sich hin und möchten einfach nur noch ihre Ruhe haben. Sie schlafen dann einfach ein, daher solltest du ihm in der Anfangsphase viele Auszeiten gönnen. Was nicht heißt, dass der Welpe nichts lernen soll, jedoch immer mit Bedacht und ohne ihn falsch zu prägen. Denn lernt er unter Druck und Zwang, wird er anschließend nervös und unsicher. Außerdem lernt er somit aus Angst und nicht mehr aus Liebe zu dir.

Zum Schluss kann es passieren, dass die Welpen durch das ständige Trainieren überhaupt nicht mehr gehorchen. Sie sind unmotiviert und zeigen keine Reaktion auf Kommandos und verkriechen sich. Der Welpe läuft mit eingezogener Rute umher. Hier kann man sagen, man hat als Hundehalter versagt, doch soweit soll es erst gar nicht kommen.

Pausenbedarf oder Ungehorsam?

Das ist nun genau abzuwägen, will er oder will er nicht. Bedarf es vielleicht einfach nur einer kleinen Pause? Bei wiederholten Übungen hat der Welpe einfach mal genug. Das kann man auch aus menschlicher Sicht gut verstehen. Damit ist eine Pauseneinheit für ihn reserviert. Am besten nach einer erfolgreichen Übung, die nimmt er positiv in die Pause mit. Dann soll es hier und da mal für heute gut sein.

Kleine Trainingseinheiten erreichen mehr als das große Training an sich, das kommt im Junghundalter noch. Sei immer megastolz auf ihn, wenn er etwas richtig gemacht hat, das ist die größte Bestätigung für ihn. Nichts sitzt am Anfang perfekt, das muss es auch nicht. Aber der Weg dorthin ist schon mal in die richtigen Bahnen geleitet. Der Welpe weiß nun, was du von ihm willst.

Überfordere den kleinen Welpen nicht, er weiß noch nicht, wie ihm geschieht. Gehe immer mit der nötigen Freude, Lust und dem Interesse heran, genau das vermittelst du auch.

Paul, wie sollte es anderes sein, ist ein schokofarbener Labrador und der ganze Stolz von Herrchen und Frauchen. Alle schon etwas betagt und Herrchen könnte Bücher über ihn schreiben. Denn Paul versteht auch jedes Wort, wie Herrchen meint. Manchmal sogar besser als seine Frau und Paul spricht ohne Worte zu ihm. Somit sind sie auch immer einer Meinung.

Paul ist gemütlich, etwas dick und zu allem und jedem freundlich. Immer in der Hoffnung, dass es etwas zwischen die Zähne gibt. Dafür setzt er sein schönstes Lächeln auf. Herrchen diskutiert oft auf der Parkbank mit Paul, das lässt er mit seiner Frau lieber sein. Paul ist ein stiller und guter Zuhörer und keine Petze, sonst wäre die Ehe seit langem schon geschieden. Somit ist Paul ein Menschenversteher und das Bindeglied zwischen Herrchen und Frauchen. Ein Vermittler, wenn man so will.

Paul dagegen sieht sich selbst als Hund an. Pflegt gerne seine hundlichen Kontakte und Herrchen interpretiert dort alles mit rein. Schau mal, Paul, die Emma, wie die sich freut, und jetzt kommt sie auch. Nicht ganz, Emma hat gerade etwas sehr Leckeres im Gebüsch entdeckt und Paul auch mal gleich hinterher. Paul, hier, hier, Paul, du weißt ganz genau, die legen immer Giftköder aus.

Was Herrchen dennoch nicht veranlasst, die Pobacken von der Parkbank zu heben. Emma, sofort hier, aber sofort, die Stimme von Emmas Frauchen. Hunderte Male haben wir darüber gesprochen und ich habe es ihr erklärt, das kann ihren sicheren Tod bedeuten. Aber nein, beide hören nicht. Paul ist bequem und nimmt neben seinem Herrchen wieder Platz. Guter und braver Paul, du folgst eben aufs Wort. Wobei Paul eher rein zufällig kam. Emma ist mit Frauchen im Gebüsch und Frauchen ist nur am Reden und Emma nur am Suchen und die Frauen langsam aber sicher am Fluchen. Das war das letzte Mal, Emma, du gehst künftig nur noch an der Leine und keine Widerworte. Paul lässt das kalt und Herrchen sinniert mit Paul, der zwischenzeitlich Sorgenfalten auf der Stirn trägt. Denn Herrchen redet wie

Frauchen ohne Punkt und Komma. Nur bei Frauchen weniger, da kommt Herrchen eher selten zu Wort.

Paul ist ein Seelentröster und eine Seele von Hund und Herrchen ein wahrer Hundeversteher. Er weiß, was seinen Paul bedrückt und kennt ihn doch in- und auswendig. Herrchen hat Paul vermenschlicht und das ist im Grunde genommen nicht schlimm, denn das Dreiergespann hat Seltenheitswert. Dennoch sind Hunde immer Hunde, nur der Paul halt nicht. Aber er weiß gut damit umzugehen und nimmt als „Mensch" eine wichtige Rolle in der Mensch-Hund-Beziehung ein. Der Paul, ein Unikat und der beste Freund, der keine dummen Fragen stellt. Denn Paul weiß eben, was sich gehört.

Nun ist dein Sonnenschein bei dir eingezogen und hin und wieder ziehen ein paar Gewitterwolken auf. Dein ausgesuchter Welpe ist sein Hundeleben lang dein treuer Wegbegleiter. Er begleitet dich in guten wie in schlechten Zeiten, so sei auch du ihm treu. Die Welpen-Erziehung ist ein spannendes wie auch lehrreiches Kapitel. Ein Abenteuer und dein Hund, ein Geschenk auf Zeit.

Heute erfolgt die Erziehung aus einer Portion Liebe, einem Klacks Gehorsam und einer Schnitte Disziplin. Ein Puzzle guter Eigenschaften, für einen äußerst alltagstauglichen Hund. Dieser muss sein Leben lang gefördert wie auch gefordert sein, um ausgeglichen, ruhig und friedlich seinen Besitzern Freude zu machen. Das Buch ist eine kleine Hilfestellung im Welpenalltag und bezieht alles rund um den Hund mit ein.

Somit ist die Erziehung ein wesentlicher Bestandteil, die Ernährung und Pflege wie auch seine Familie sein Lebensmittelpunkt. Danke für den Kauf des Buches und mit dem richtigen Händchen und dem gewissen Hundeverstand erhältst du den perfekten Begleiter an deiner Seite. Nichts passiert von heute auf morgen, aber dafür ein ganzes Leben lang. Er wird Spuren in deinem Herzen hinterlassen und dich später als Seelenhund auf all deinen Wegen begleiten. Wer einen Hund sein Eigen nennt, ist niemals allein. Nutze und genieße die Welpenzeit, denn sie werden so schnell groß und erwachsen.

Beginne das Abenteuer Hund und du wirst den besten Freund der Welt gewinnen. Geht mal etwas schief, er hat es niemals mit Absicht gemacht, daran sind seine Instinkte schuld. Freu dich auf eine spannende wie auch lehrreiche Zeit und alles Gute für die Fellnase und dich.

- **6 leckere Hundekekse-Rezepte**
- **6 leckere Hunderezepte mit Fleisch**
- **4 leckere Hunderezepte mit Fisch**

Hundekekse mit Banane und Sesam

(je nach Gewicht/Größe des Hundes ggf. variieren)

Zutaten pro Hund:

100 g Weizenvollkornmehl
100 g Hirsevollkornmehl
100 g Sesam
50 g weiche Butter
1 Ei
1 Eigelb
1 EL Honig
1 Banane

Zubereitung:

1. Sesam in einer Pfanne kurz anrösten.
2. Butter mit Hilfe eines Rührgerätes mit Ei, Eigelb, Honig und Banane vermengen. Hirse- und Weizenvollkornmehl ebenfalls mit den anderen Zutaten vermischen.
3. Ofen auf 180 Grad vorheizen und Backblech einfetten.
4. Den Teig mit einem Esslöffel als „Häufchen“ auf dem Backblech verteilen. Die Häufchen etwas weiter auseinanderlegen, da der Teig noch auseinandergeht.
5. Ca. 10 bis 15 Minuten backen, danach abkühlen lassen.

Leckere Hundekekse mit Thunfisch

(je nach Gewicht/Größe des Hundes ggf. variieren)

Zutaten pro Hund:

400 g Mehl
400 g Thunfisch
2 Eier
Variante/Ergänzung von Sylvia:
Zusätzlich noch:
100 ml Buttermilch
1 EL frisch gehackte Petersilie
Hundekekse-Zubereitung

Zubereitung:

1. Thunfisch, Mehl und Eier in eine Schüssel geben und alles gut durchkneten.
2. Auf einem Backblech mit Mehl ausrollen und mit Förmchen nach Wahl ausstechen.
3. Den Ofen auf 180 Grad stellen und die Kekse ca. 20 Minuten backen.

Hundekekse gegen Flöhe

(je nach Gewicht/Größe des Hundes ggf. variieren)

Zutaten pro Hund:

2 Brühwürfel Rinderboullion
500 ml Wasser
400 g helles Weizenmehl
400 g Weizenvollkornmehl
300 g Roggenmehl
300 ml Haferflocken
300 ml Maisgries
50-80 g Bierhefeflocken
150 ml Sonnenblumenöl
1 großes Ei, verquirlt (alternativ 2 kleine Eier)

Zubereitung:

1. Die Brühwürfel im kochenden Wasser auflösen, eine Weile vom Herd nehmen und ein wenig abkühlen lassen.
2. Dann das Mehl und die Flocken untermischen, eine Kuhle in den Teig drücken und in kleinen Mengen das Öl, das Ei und die Brühe dazu geben und vermischen.
3. Den Teig nun in 2 bis 3 Stücke unterteilen, das hilft bei der Verarbeitung.
4. Die Stücke einzeln durchkneten und auf einer Küchenplatte ausrollen.
5. Die Plätzchen ausstechen und auf einem Backblech mit Backpapier auslegen.
6. Den Backofen auf 160 Grad vorheizen und die Plätzchen 1 1/2 Std. im Ofen backen.

Leber-Hundekekse

(je nach Gewicht/Größe des Hundes ggf. variieren)

Zutaten pro Hund:

500 g Mehl
400 g gemahlene Leber
2 Eier
2 EL Sonnenblumenöl
1 EL gehackte Petersilie

Zubereitung:

1. Die Leber hacken, mit dem Mehl und Eiern in eine Schüssel geben und gut durchkneten.
2. Den Teig auf einem bemehlten Backblech ausrollen und mit Förmchen nach Wahl ausstechen.
3. Den Ofen vorher auf 170 Grad vorheizen und die Kekse ca. 25 Minuten backen.

Hunde-Plätzchen als Biskuit

(je nach Gewicht/Größe des Hundes ggf. variieren)

Zutaten pro Hund:

200 g Weizenvollkornmehl
200 g helles Weizenmehl
250 g Hühnerbrühe (frisch oder Fertigprodukt, sollte aber nicht zu salzig sein)
ca. 40 g Milchpulver
3 EL Öl
3 EL Petersilie, geschnitten
1/2 TL Salz

Zubereitung:

1. Das Mehl mit dem Milchpulver und dem Salz in einer Schüssel vermengen. In einer separaten Schüssel die Hühnerbrühe mit dem Öl verrühren, am besten mit einem Pürierer vermengen.
2. Die Brühe mit der Mehlmischung vermischen und auf einer Arbeitsplatte gut durchkneten. Am besten die Arbeitsplatte mit Mehl bestäuben.
3. Backofen auf 180 bis 200 Grad vorheizen.
4. Den Teig in kleine Stücke teilen und in Biskuit-Form bringen und auf ein mit Backpapier ausgelegtes Blech verteilen. Man kann mit einer Gabel die Biskuits noch etwas abflachen, um die typische Biskuit-Form zu erhalten.
5. Für ca. 20 Minuten backen. In geschlossenem Ofen noch 1 ½ Stunden schön knackig werden lassen.

Kracher Hund-Kekse mit Vollkorn und Buttermilch

(je nach Gewicht/Größe des Hundes ggf. variieren)

Zutaten pro Hund:

500 g Vollkornmehl
200 ml Buttermilch
3 EL Zuckerrüben-Sirup
Agavendicksaft o. Ä.
3 Eier
1 TL Hefeflocken
4 EL Sonnenblumenkerne

Zubereitung:

1. Den Ofen auf 180 Grad vorheizen.
2. Hefeflocken mit Buttermilch, Sirup, Eiern und Vollkornmehl vermengen.
3. Zum Schluss noch mit Sonnenblumenkernen vermischen und alles zu einem Teig kneten.
4. Auf einer bemehlten Arbeitsplatte den Teig nicht zu dünn ausrollen und mit Förmchen nach Wahl Kekse ausstechen.
5. Die Kekse für ca. 1/2 Stunde backen.
6. Die Hundekekse noch etwa 30 Minuten bei ca. 90 Grad im Ofen härten lassen.

Hackfleisch-Gemüse-Küchlein aus der Pfanne

(je nach Gewicht/Größe des Hundes ggf. variieren)

Zutaten pro Hund:

200 g Hackfleisch (Rind, Schwein oder Geflügel)
1 Möhre
1/2 kleine Zucchini
150 g Weizenmehl (gerne auch Vollkorn)
100 g Hirsemehl (oder durch anderes Mehl ersetzen)
frische Kräuter (z. B. Petersilie, Basilikum)
250 ml Wasser
4 EL Pflanzenöl
1 EL Kokosflocken

Zubereitung:

1. Mehl und Wasser in einer Schüssel vermengen und das Öl hinzugeben.
2. Teig 30 Minuten abgedeckt ruhen lassen.
3. Zucchini, Möhre, Kräuter und Kokosflocken in den Teig hinzugeben und vermengen.
4. Etwas Fett in einer Pfanne schmelzen lassen und portionsweise die Mischung aus der Schüssel als kleine Hackfleisch-Küchlein in die Pfanne geben.
5. Mit dem Pfannen-Schaber in Form bringen und durchbraten.

Rind/Huhn mit Flocken

(je nach Gewicht/Größe des Hundes ggf. variieren)

Zutaten pro Hund:

250 g frisches Rindfleisch (nicht zu fett) oder Hühnchen-Fleisch vom Metzger
250 g Haferflocken (alternativ: Hundeflocken)
25 g Distelöl

Zubereitung:

1. Das Fleisch gut durchbraten. Beim frischen Fleisch kann man es auch roh servieren.
2. Die Haferflocken mit der doppelten Wassermenge kurz aufkochen lassen.
3. Beide Zutaten abkühlen lassen und danach erst das Distelöl hinzugeben, damit die vitaminreichen Inhaltsstoffe des Öls erhalten bleiben.

Hühnchen-Hunde-Rezept mit Gemüse und Nudeln

(je nach Gewicht/Größe des Hundes ggf. variieren)

Zutaten pro Hund:

1 Suppen-Hühnchen (oder Schenkel)
Suppengemüse
Suppennudeln
Gemüsebrühe

Zubereitung:

1. Das Hühnchen für 1 Stunde bei mittlerer Hitze kochen. Anschließend abkühlen lassen.
2. Neues Wasser für Nudeln und Gemüse erhitzen.
3. Gemüsebrühe ins kochende Wasser geben, Nudeln und klein geschnittenes Gemüse hinzufügen und gar köcheln lassen.
4. Alles in ein Nudel-Sieb abtropfen lassen und anschließend das Hühnchen zerkleinern und hinzugeben.

Rind-Lamm-Eintopf

(je nach Gewicht/Größe des Hundes ggf. variieren)

Zutaten pro Hund:

500 g Rindfleisch, in maulgerechte Stücke geschnitten
25 g Lammfleisch, ebenfalls klein geschnitten
2 mittelgroße Kartoffeln, sehr klein geschnitten oder geraspelt
2 Karotten, klein geraspelt/gerieben
1 l Wasser
1 Tasse Reis (ca. 125 g)

Zubereitung:

1. Den Reis beiseitestellen und die anderen Zutaten in einem Topf aufkochen lassen und 10 Minuten köcheln lassen.
2. Nun den Reis hinzugeben und ca. 25 Minuten weiter köcheln.
3. Alles abkühlen lassen und lauwarm verfüttern.

Lunge mit Reis

(je nach Gewicht/Größe des Hundes ggf. variieren)

Zutaten pro Hund:

250 g Lunge vom Rind, frisch vom Metzger
125 g Rundkornreis
1 Karotte
1 Banane
1 Apfel, entkernt
1 Esslöffel Olivenöl

Zubereitung:

1. Die Rinderlunge in hundgerechte Happen schneiden oder vom Metzger machen lassen.
2. Das Fleisch zusammen mit dem Reis in 275 ml Wasser 25 Minuten kochen.
3. Banane, Möhre und Apfel mit einem Mixer zerkleinern und vermischen oder mit einer Handreibe zerkleinern und mit dem Olivenöl vermengen.
4. Die Bananen-Möhren-Apfel-Mischung mit der Rinderlunge und dem Reis vermischen. Alles abkühlen lassen und servieren.

Hähnchen mit Hirse und Ei – Hunde-Rezept-Leckerei

(je nach Gewicht/Größe des Hundes ggf. variieren)

Zutaten pro Hund:

2 Hähnchenkeulen (oder z. B. Pute)
1 Ei
ca. 150 g Hirse
ca. 450 g Wasser (für die Hirse)
Ein paar klein gerupfte Salatblätter (enthalten Mineralien, sekundäre Pflanzenstoffe)
etwas Olivenöl
frische Petersilie

Zubereitung:

1. Die Hähnchen- bzw. Putenkeulen mit drei großen Tassen Wasser in eine kleine Auflaufform geben und im Backofen gut durchgaren, danach abkühlen lassen.
2. In der Zwischenzeit die Hirse zusammen mit der dreifachen Menge Wasser bei mittlerer Hitze 15 Minuten garen und danach ebenfalls 15 Minuten köchelnd ausquellen lassen.
3. Parallel ein Ei ca. 9 Minuten lang kochen, abkühlen lassen und schälen.
4. Das Ei klein hacken, die Petersilie und die Salatblätter fein hacken.
5. Fleisch von den gegarten Hähnchenkeulen ablösen. (Nicht die Röhrenknochen wg. Splittergefahr, da sie zu heftigen Verletzungen beim Hund führen können!)
6. Alle Zutaten gut vermengen und servieren.

Karlchens Reis-Fisch-Gemüse

(je nach Gewicht/Größe des Hundes ggf. variieren)

Zutaten pro Hund:

250 g Fischfilet (wg. ohne Gräten)
250 g Reis
0,5 l Wasser
kleines Stück Knollensellerie
2 mittelgroße Karotten
1 mittelgroße Kartoffel
1 Suppenknochen

Zubereitung:

1. Den Reis mit dem Knochen 25 Minuten im Wasser kochen. Den Knochen entnehmen und für den Nachtisch aufheben.
2. Das Gemüse in kleine Würfel schneiden und zum heißen Reis hinzugeben.
3. Das Fischfilet zerkleinern und zum Gemüsereis geben.
4. Das Futter nochmal kurz erwärmen, abkühlen lassen und servieren.

Fischfrikadellen

(je nach Gewicht/Größe des Hundes ggf. variieren)

Zutaten pro Hund:

1/2 kg Seelachsfilet
1 Tasse Milch
2 Weizenbrötchen
1 Banane

Zubereitung:

1. Das Brötchen in der Milch einweichen lassen.
2. Das Seelachsfilet in ein wenig Wasser aufkochen und bei niedriger Hitze 7 Minuten weiter köcheln lassen, der Fisch sollte gar sein.
3. Den Fisch mit den eingeweichten Brötchen und der Banane vermengen.
4. Mundgerechte Frikadellen formen und verfüttern.

Fischsuppe für Hunde

(je nach Gewicht/Größe des Hundes ggf. variieren)

Zutaten pro Hund:

1/2 kg Rinderknochen mit Fleischresten daran (ganz ohne Fleisch macht dem Hund keine gute Laune)
500 g Fischfilet (wg. Grätenfreiheit), z. B. Hering, Rotbarsch, Dorsch, Lachs
1/2 l Wasser
ca. 150 g Weißbrot
optional: Gartenkräuter zum Würzen

Zubereitung:

1. Die Knochen mit den Fleischresten im Wasser aufkochen und 35 Minuten bei niedriger Hitze weiter köcheln lassen.
2. Knochen mit einer Kelle herausnehmen, am Knochen verbliebene Fleischreste ablösen und diese zurück ins Wasser geben.
3. Das Fischfilet nochmal auf Gräten überprüfen und ins Wasser geben.
4. Kurz aufkochen lassen, aber, bevor der Fisch zerfällt, vom Herd nehmen und abkühlen lassen.
5. Weißbrot in kleine Stücke schneiden, hinzugeben und servieren.

Fisch-Nudel-Auflauf für Hunde

(je nach Gewicht/Größe des Hundes ggf. variieren)

Zutaten pro Hund:

200 g Fischfilet oder anderer grätenloser Fisch
200 g Nudeln (eventuell Vollkorn)
200 g frischen Spinat oder Tiefkühlspinat
ca. 150 g saure Sahne oder Quark
2 bis 3 EL Kürbiskerne

Zubereitung:

1. Den Fisch in etwas Wasser kurz andünsten. Kochwasser zur Seite stellen, Fisch entnehmen und in kleine Stücke schneiden.
2. In der Zwischenzeit die Nudeln "al dente" kochen und danach das Kochwasser abschütten.
3. Nudeln, Fisch und Blattspinat zusammen mit etwas Fisch-Kochwasser vermengen.
4. Saure Sahne und Kürbiskerne ebenfalls untermischen.
5. Alles zusammen in eine hohe Auflaufform geben und im vorgeheizten Backofen auf mittlerer Schiene 20 Minuten mit Ober-/Unterhitze backen.

Wenn ein Hund nur darf wenn er soll,
aber nie kann wenn er will,
dann mag er auch nicht wenn er muß!
Wenn er aber darf wenn er will,
dann mag er auch wenn er soll,
und dann kann er auch wenn er muß...
Denn.....Hunde die können sollen,
müssen wollen dürfen....!!!
(Graffiti U-Bahnhof Berlin)

Freude an einem Hund haben Sie erst, wenn Sie nicht versuchen, aus ihm einen halben Mensch zu machen.
Ziehen Sie stattdessen doch einmal die Möglichkeit in Betracht, selbst zu einem halben Hund zu werden.
(Edward Hoagland)

Hunde wurden speziell für Kinder gemacht. Sie sind die Götter der Fröhlichkeit
(Henry Ward Beecher)

Ein Leben ohne Hund ist ein Hundeleben!
(unbekannt)

Der Hund ist ein Begleiter, der uns daran erinnert, jeden Augenblick zu genießen.
(Marla Lennard)

Du denkst, Hunde kommen in den Himmel? Ich sage dir, sie sind lange vor uns dort!
(Louis Armstrong)

Je älter ein Haustier wird, umso mehr bedarf es der verständnisvollen Liebe des Menschen.
(Paul Eipper)

Ein Hund wird sich nur dort wohl fühlen, wo die Menschen zufrieden mit ihm sind.
(Dr. Ute Berthold-Blaschke)

Hunde sind nicht unser ganzes Leben, aber sie machen unser Leben ganz.
(Roger Andrew Caras)

Es gibt nur eins, was besser ist als ein Hund – zwei Hunde!
(Facebook)

Ob ein Mensch gut ist, erkennt man zuallererst an seinem Hund und seiner Katze.
(William Faulkner)

Es ist wohl kaum zu bezweifeln, dass die Liebe zum Menschen beim Hund zu einem Instinkt geworden ist.
(Charles Darwin)

Hunde leben nur in der Gegenwart, haben keine Angst vor der Zukunft und hadern nicht mit der Vergangenheit.
(Amy Tan)

Ein Haus ist kein Zuhause, solange kein Hund darin wohnt.
(Gerald Durrell)

Alles hat sich geändert, nichts ist mehr gleich. Du liebst deine Hunde und deine Seele ist reich.
(Anonym)

Es ist ja, wenn ich´s recht bedenke, mit der Hundeschaft wunderbar bestellt.
(Franz Kafka)

Der Himmel ist Protektionssache. Ginge es nach Verdienst, käme nur dein Hund hinein, du aber bliebest draußen.
(Mark Twain)

Gib dem Menschen einen Hund und seine Seele wird gesund.
(Hildegard von Bingen)

Wenn ein Hund nur darf, wenn er soll, aber nie kann, wenn er will,
dann mag er auch nicht, wenn er muss.
Wenn er aber darf, wenn er will, dann mag er auch, wenn er soll
und dann kann er auch, wenn er muss.
Denn: Hunde, die können sollen, müssen auch wollen dürfen!
(unbekannt)

Ohne ein paar Hundehaare ist man nicht richtig angezogen.
(unbekannt)

Hunde sind unsere Verbindung zum Paradies. Sie kennen weder Sünde noch Eifersucht noch Unzufriedenheit. An einem herrlichen Nachmittag mit einem Hund auf einem Hügel zu sitzen heißt zurück zu sein im Garten Eden, als Nichtstun nicht Langeweile bedeutete sondern Frieden.
(Milan Kundera)

Sei meines Hundes Freund, und du bist auch der meine.
(Indianisches Sprichwort)

Wir müssen das Vertrauen und die Freundschaft unseres Hundes nicht erwerben, er wurde als unser Freund geboren.
(Maurice Maeterlinck)

Wenn es keine Hunde gäbe, würde ich nicht leben wollen.
(Arthur Schopenhauer)

Gib dem Menschen einen Hund und seine Seele wird gesund.
(Hildegard von Bingen)

Wenn ein Mensch stolz auf seinen Hund ist und es auch zeigt, mag ich ihn.
Wenn sein Hund stolz auf ihn ist und dies auch zeigt, habe ich größten Respekt vor ihm.
(Gene Hill)

Wer auch immer gesagt hat, Glück könne man nicht kaufen, hat die kleinen Welpen vergessen.
(Gene Hill)

Nähe und Vertrautheit eines Tieres zu erleben, das ist uns Hundenarren ein Stück Paradies geworden, das wir in unserem Leben nicht mehr missen möchten.
(Ekard Lind)

Der Mensch ist das einzige Tier, das erröten kann. Es ist aber auch das einzige das Grund dazu hat.
(Mark Twain)

Wer etwas will, findet Wege. Wer etwas nicht will, findet Gründe.
(unbekannt)

Erziehung bedeutet Beispiel und Liebe, sonst nichts.
(Friedrich Fröbel)

Gute Menschen haben gute Hunde.
(Prinz Claus der Niederlande)

Wenn es im Himmel keine Hunde gibt, gehe ich auch nicht dorthin.
(Pam Brown)

Du bist zeitlebens für das verantwortlich, was du dir vertraut gemacht hast.
(Antoine De Saint-Exupéry)

Es ist gar nicht so leicht ein guter Hund zu sein.
(Andrew de Prisco)

Freude an einem Hund haben Sie erst, wenn Sie nicht versuchen, aus ihm einen halben Menschen zu machen. Ziehen Sie stattdessen doch einmal die Möglichkeit in Betracht, selbst zu einem halben Hund zu werden.
(Edward Hoagland)

Ohne den Hund käme der Mensch auf den Hund.
(Ernst Elitz)

Faule Schäfer haben gute Hunde.
(Deutsches Sprichwort)

Dem Hunde, wenn er gut erzogen, wird selbst ein weiser Mann gewogen.
(Johann Wolfgang von Goethe)

Man kann in die Tiere nichts hineinprügeln, aber man kann manches aus ihnen herausstreicheln.
(Astrid Lindgren)

Die Treue eines Hundes ist ein kostbares Geschenk, das nicht minder bindende moralische Verpflichtungen auferlegt als die Freundschaft zu einem Menschen.
(Konrad Lorenz)

Ein gut erzogener Hund wird nicht darauf bestehen, dass du die Mahlzeit mit ihm teilst; er sorgt lediglich dafür, dass dein Gewissen so schlecht ist, dass sie dir nicht mehr schmeckt.
(Helen Thomson)

Gut abgerichtet kann der Mensch der beste Freund des Hundes sein.
(Corey Ford)

Quelle: https://kalalassies.de/hundezitate/

Wir danken Ihnen für Ihr Interesse und Ihr Vertrauen. Als Dankeschön dafür, haben wir eine besondere Überraschung. Wir haben eine **exklusive Spiele Sammlung für Hunde – inklusive Anleitungen zu Spiele selbst herstellen**. Und diese erhalten Sie vollkommen kostenlos. Das klingt wunderbar? Dann warten Sie nicht lange und holen Sie sich Ihr Gratis-Geschenk.

Hier geht es zu Ihrem Gratis-Geschenk:

https://forms.gle/M8BE2XLDYjDgu4BH6

1. **Öffnen Sie die Kamera-App auf Ihrem Smartphone und richten Sie die Kamera auf den QR-Code.**
2. **Klicken Sie auf den Link, der Ihnen angezeigt wird und schon werden Sie zur Website weitergeleitet.**

Impressum

Herausgeber: Pegoa Global Media GmbH / Am Sandtorkai 27 / 20457 Hamburg
Kontakt: kontakt@pegoamedia.de
Coverbild: Shutterstock

Haftungsausschluss:
Die Nutzung dieses Buches und die Umsetzung der enthaltenen Informationen, Anleitungen und Strategien erfolgt auf eigenes Risiko. Der Autor kann für etwaige Schäden jeglicher Art aus keinem Rechtsgrund eine Haftung übernehmen. Haftungsansprüche gegen den Autor für Schäden materieller oder ideeller Art, die durch die Nutzung oder Nichtnutzung der Informationen bzw. durch die Nutzung fehlerhafter und/oder unvollständiger Informationen verursacht wurden, sind grundsätzlich ausgeschlossen. Rechts- und Schadenersatzansprüche sind daher ausgeschlossen. Dieses Werk wurde sorgfältig erarbeitet und niedergeschrieben. Der Autor übernimmt jedoch keinerlei Gewähr für die Aktualität, Vollständigkeit und Qualität der Informationen. Druckfehler und Falschinformationen können nicht vollständig ausgeschlossen werden. Es kann keine juristische Verantwortung sowie Haftung in irgendeiner Form für fehlerhafte Angaben vom Autor übernommen werden. Die bereitgestellten Analysen, Vorschläge, Ideen, Meinungen, Kommentare und Texte sind ausschließlich zur Information bestimmt und können ein individuelles Beratungsgespräch nicht ersetzen. Alle Informationen dieses Buches entsprechen dem Kenntnisstand zum Zeitpunkt des Verfassens dieses Buches. Eine Haftung für mittelbare und unmittelbare Folgen aus den Informationen dieses Buches ist somit ausgeschlossen.
Informieren Sie sich weitläufig aus unterschiedlichen Quellen und bedenken Sie, dass am Ende nur Sie für die Entscheidungen verantwortlich sind.

Haftung für externe Links:
Unser Angebot enthält Links zu externen Websites Dritter, auf deren Inhalte wir keinen Einfluss haben. Deshalb können wir für diese fremden Inhalte auch keine Gewähr übernehmen. Für die Inhalte der verlinkten Seiten ist stets der jeweilige Anbieter oder Betreiber der Seiten verantwortlich. Die verlinkten Seiten wurden zum Zeitpunkt der Verlinkung auf mögliche Rechtsverstöße überprüft. Rechtswidrige Inhalte waren zum Zeit-punkt der Verlinkung nicht erkennbar.